香　料　化　学

―におい分子が作るかおりの世界―

長谷川　登志夫　著

コ　ロ　ナ　社

ま　え　が　き

においとは何か。こんなにも素朴な質問であるのに，答えるのは難しい。そもそもにおいの元とは何なのか。そのにおいの元はどこにあるのだろうか。どうやってそれを調べるのか。ところで，人には五感というものがある。視覚，触覚，聴覚，味覚，嗅覚の五つである。これらは人が生きていくうえで重要な感覚である。そしてこれら五感のうち，研究が最も遅れているのが嗅覚である。例えばにおいセンサーなる機器は存在するが，ほかの四つの感覚についてのセンサーに比べて開発がきわめて遅れていることは否めない。つまり，においを客観的に評価することはたいへん難しく，においの分野では人による官能評価が最も優れた評価方法になっているのが現実である。さらに，生物のにおいを感じる仕組みは非常に複雑で，ここ十年あまりになってさまざまなことがわかってきてはいるが，わかればわかるほどより正確なにおいセンサーの実現にはまだまだ多くの時間が必要であることを実感せずにはいられない。

このようなことから，においについての科学的な記述は，高校や大学の教科書に至ってもほとんど掲載されていない。あるいは，できないといったほうが正しいだろう。せいぜい，エチレンの甘いにおい，ホルムアルデヒドやギ酸の刺激臭，ベンゼンの特異臭，といった記述が見られる程度である。においについての関心は年々高くなってきているが，にもかかわらず学校でにおいを科学的に学ぶことができる機会は皆無といっていい。

では，においの科学の基本は何か。それは，におい分子とにおい受容体である。まずは，この二つのことについての基本的な理解が必要である。つぎに，におい分子とは何か。先ほど述べたエチレン，ホルムアルデヒド，ベンゼンなど，すべて有機化合物である。ここで一つ断っておきたいことがある。読者の中には，塩酸やアンモニアなどもにおいがするが，これらは無機化合物ではないのか，という疑問をもたれた方もいるだろう。これらについては，ほとんどの文献において，つんとする強い刺激臭との記述がなされている。実際にこれらの物質を嗅いだとき，におうというよりは，痛いといった感覚を覚える。よって，これらの物質については，本書ではにおいの元としては扱わない。純粋なにおいとして感じているにおいの元は有機分子と考えるべきである。事実，においの仕組みについての研究では，数多くの有機分子が用いられている。そうすると，においについて科学的に理解する元は，有機分子ということになる。つまり，有機化学に基づいた理解が大切であり，その関連として，化学についての基本的な事項の理解も大切になる。

以上からいえることは，においの科学的な理解の基礎は化学，特に有機化学ということである。しかし，多くのにおいに関する著作物が出版されているが，そのような視点で書かれた教科書的な本は見当たらない。そこで，においを題材とした系統的な化学のテキストの執筆を行うことにした。本書ではまず，有機化学の基本から入ってにおいの基本的な解説を行い，さらににおいの受容の仕組みの基本的事項をにおい分子との関連から説明した。そのうえで，実際のにおい素材のにおい分析について，著者の研究例をもとに解説した。最後に，におい分子の構造がそのにおいの特徴とどう関わっているのかについて，著者の研究例を中心に説明した。

このテキストは，高校の化学についての基本的な理解のうえに記述しているが，分野を問わず，おもに大学学部1年生を念頭に，わかりやすい記述を心がけた。本書を通じて，漫然としていたにおいについて，読者が化学的にとらえることができるようになることを期待している。

2021年4月

長谷川　登志夫

目　　次

1章　においをミクロの世界から理解するための有機化学の基本

2章　におい素材のにおい研究の基本

3章　においを感じる仕組み（嗅覚メカニズム）に基づいたにおい素材のにおい解析

4章　においを発する素材のにおい解析の実践

5章　におい分子の構造変化によるにおいの変化

1 章
においをミクロの世界から
理解するための有機化学の基本

においを感じるには，においの元であるにおい分子の存在が必要である。におい分子の正体は，おもに炭素原子と水素原子からなる有機化合物である。ここでは，におい分子の性質を理解するための有機化学の基本について説明する。

1.1　におい分子の構造の基礎事項

1.1.1　におい分子（有機分子）はどんな形をしているのか

におい分子の話をする前に，においについて少し説明する。においを表す言葉には，匂い，香り，臭気などさまざまな言葉が使われている（**図 1.1**）。料理などをはじめとした「いいにおい」については，「匂い」という漢字が使われる。食品などには，味も含めたにおいということで「フレーバー」という言葉も用いられる。また，花などのいいにおいについては，「香り」という単語が使われ

匂い　　香り　　臭気

ガス

図 1.1　においを表す言葉

ている。一方，火山などから出る不快なにおいについては，「臭気」という言葉がある。においを表す言葉にはさまざまなものが存在しており，これ以外のにおいを示す言葉もある。こうしたことから見ても，においがいかに多くの人の生活に関係しているかがわかる。においは，五感の中でもとりわけわれわれの生活に密接に関わっている感覚なのである。

では，人がにおいを感じるとき，どのようなプロセスを経ているのであろうか。たいへん複雑な仕組みによって人はにおいを感じているが，そのプロセスは大まかに二つの段階に分けてとらえることができる。**図 1.2** に示したように，第 1 段階はにおいの元と鼻にあるにおいを感じるところ（専門書では「嗅覚受容体」と記載されているが，本書では，「におい受容体」と呼ぶことにする）との接触である。においの元は，のちほど詳しく述べるが，有機分子である。この有機分子が鼻のにおい受容体と相互作用する。すると，この作用が信号に変えられて脳に伝わり，そこで人は初めてにおいを感じるのである。これが第 2 段階というわけだが，こちらは脳での認識があるため，その取り扱いはなかなか難しい。同じにおいの元からの信号が来たとしても，さまざまな要因から人によって感じ方が変わってしまう恐れがあるからである。例えばあるにおいについて，「このにおいにはリラックス効果がある」といっても，人によってはそのにおいが嫌いなため不快な効果がもたらされるような場合もある。ただ

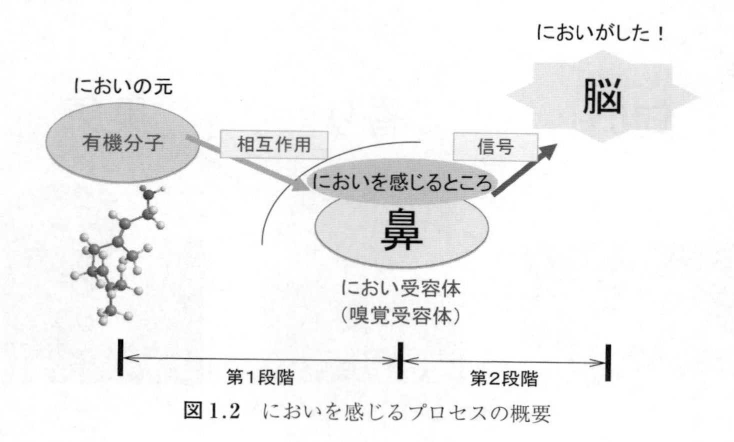

図 1.2　においを感じるプロセスの概要

し，そうはいっても人に対するかおりの効果は大きく，医療分野における治療などにも使われている（これをアロマテラピーと呼ぶ）ほどである。現在もにおいの生理的な効果について，多数の研究成果が報告されている。

一方，第1段階は純粋ににおいの元となる有機分子とにおい受容体との相互作用である。この段階については，近年多くの知見が得られている。そして，その知見を理解するうえでの重要な要素が，有機分子の構造とそれに基づく性質についての理解である。

さきほど，におい分子は有機分子であると述べたが，では有機分子とは何か。本書ではそこから説明を始めよう。**図1.3**に代表的な有機分子を3種類あげた。いずれも石油に含まれている化合物である。図では，これらの分子の立体構造と，その右に炭素原子と水素原子を省略して線で構造を表す構造式を示した。この構造式の表記方法は，有機分子の形を表すのに非常に便利である。これらの分子は，6個の炭素原子（図の中で濃い色で示された球体）がつながって分子骨格が形成されており，そこに水素原子（図の中で薄い色で示された球体）が結合して有機分子となっている。このように，有機分子とは炭素原子と水素原子からなる分子のことである。酸素原子，窒素原子，イオウ原子などが加わ

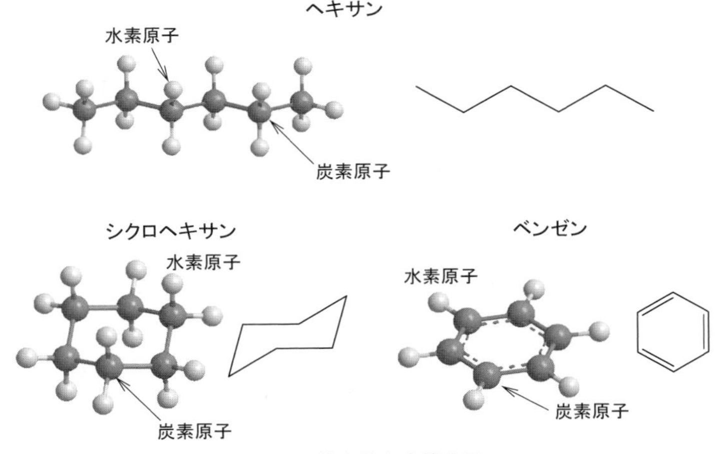

図1.3　代表的な有機分子

ることもあるが，基本構成原子はやはり炭素と水素である。そして，これらの分子はいずれも油臭いにおいを有している。このような有機分子が，におい分子の正体だといわれてもにわかには信じられないかもしれない。

つぎに，実際のにおい分子について説明する。最も身近なかおりとして，森林のかおり，柑橘類のかおり，バラのかおり，ハッカのかおりの四つを取り上げ，それぞれのかおりのうち代表的なにおい分子を**図 1.4** に示した。この図のにおい分子は，テルペン類という天然有機分子の仲間である。いずれも炭素原子 10 個から分子の骨格が作られているので，テルペン類の中でもモノテルペンといわれている。このモノテルペン類は，重要なにおい成分である。

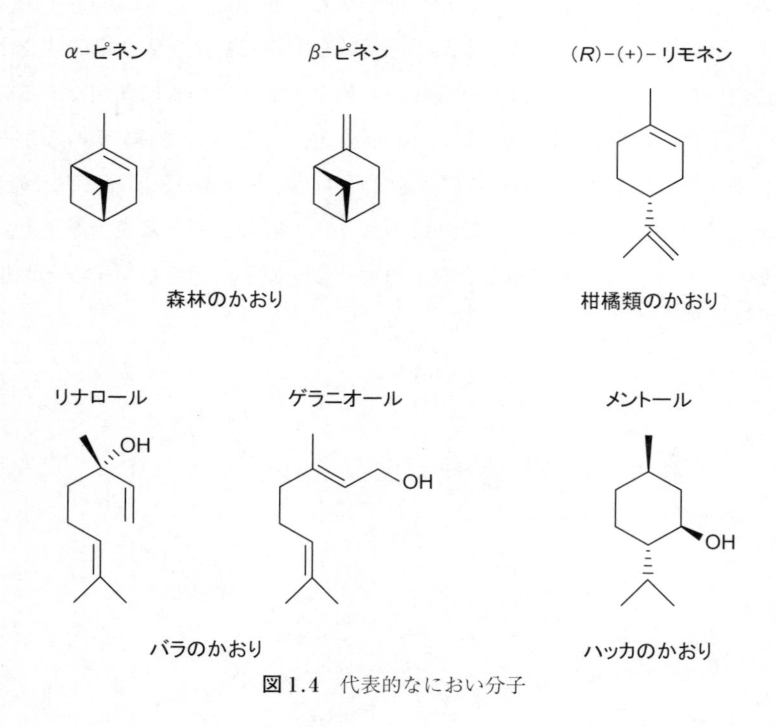

図 1.4　代表的なにおい分子

図 1.4 の上段の 3 種類の分子は，すべて炭素原子と水素原子だけから構成されている。その点では図 1.3 で説明した有機分子と同じである。しかし，その

においはまったく異なっている。例えばα-ピネンとβ-ピネンは，いずれも森林を思わせるようなにおいを有している。もちろん実際の森林のかおりは，これらの分子以外にも多くの分子が存在しているので，この分子のにおいとは異なっている。しかし，はっきりしているのは，図1.3のヘキサンなどの分子がもつ油臭いにおいはもっていないということである。さらに，リモネンに至っては柑橘類を思わせるにおいを有している。では，これらのにおいの違いはいったいどこから生じているのだろうか。

その原因は，分子の形の違いにある。この形の違いが，それぞれのにおい分子のにおいの特徴の決定に大きな役割を果たしている。さらに，形の違いに加えて，酸素原子が加わるとどうなるか。その例となるのが，図1.4の下段の3種類の有機分子（これらもモノテルペンである）である。これらのうち，リナロールとゲラニオールはバラのかおりを構成する重要なにおい成分であり，いわゆるフローラルなにおいを有する有機分子である。また，ハッカのかおりの元となるメントールも一つだけ酸素原子を含んでいる。メントールはリモネンと同じような形をしているが，酸素原子が一つ入っただけで，柑橘系のにおいからうって変わってハッカのにおいを示すようになる。このように，におい分子がどのようなにおいを発現するかは，におい分子の形，特に三次元的な分子構造の形によって決められている。**図1.5**には，図1.4で示した6種類の分子それぞれについて立体的な構造を示した。

ところで，これら6種類の分子は，酸素原子の有無によって上段と下段に分けられている。そして上段では，α-ピネンとβ-ピネンが森林のかおりという類似の系統のにおいであるのに対して，リモネンは柑橘系のかおりと明確に異なったにおいをもっている。一方，下段でもリナロールとゲラニオールは，類似のフローラルなにおいを示すのに対して，メントールはハッカのかおりである。このことは，三次元的な分子の形の類似性に関係している。**図1.6**に示したように，α-ピネンとβ-ピネンの分子の形はよく似ているが，リモネンとはまったく異なっている。リナロールとゲラニオールとメントールの場合も同じである。すなわちこの形の違いこそが，においの特徴の差となって表れているの

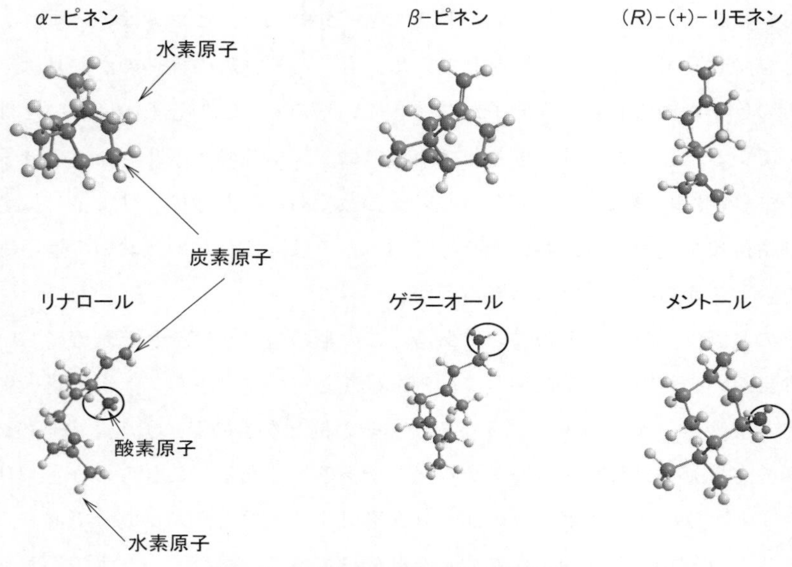

図1.5　代表的なにおい分子の立体構造

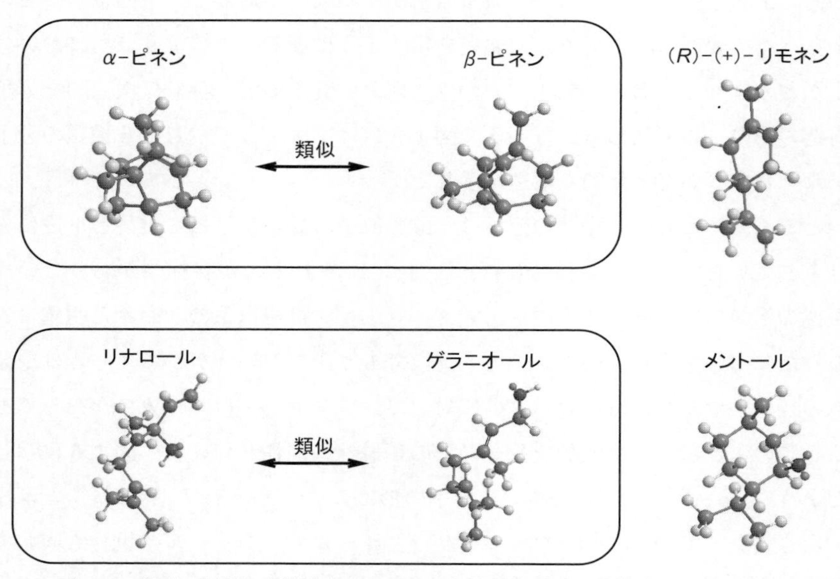

図1.6　相互に類似した構造を有するにおい分子と異なった構造のにおい分子

である。

以上述べたように，においにとってにおい分子の形は非常に重要である。そして，このにおい分子の違いを理解するには，有機分子の構造，特に立体構造についての基本的な理解が不可欠である。次項ではそのにおい分子の立体構造の基本について説明をする。

1.1.2 におい分子の立体構造とにおいの関係

有機分子の骨格は，炭素原子が連なる（結合する）ことによって作られるわけであるが，この炭素原子がほかの原子との結合に使うことのできる手の数は4である。そして，その使い方には三つの様式が存在する。四つの手のうち，もう一つの炭素原子との結合に一つ使うのが単結合，二つ使うのが二重結合，三つ使うのが三重結合である。この結合様式の違いが，分子の形に大きく関わっている。**図 1.7** に炭素原子二つからなる有機分子を用いて，これら3種類の結合により形成された分子の形を示した。単結合の場合は三次元の構造をも

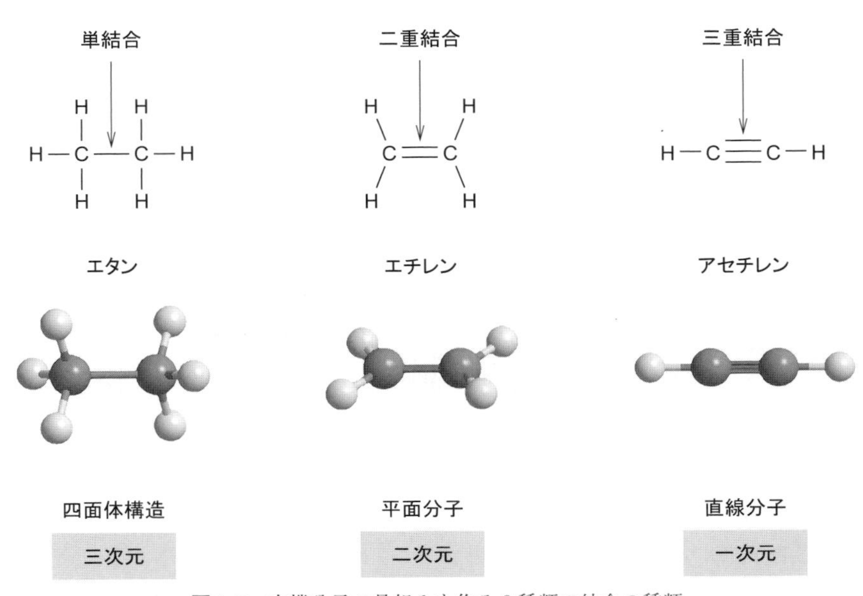

図 1.7 有機分子の骨組みを作る3種類の結合の種類

ち，二重結合の場合は二次元（平面）構造になり，三重結合の場合には一次元構造をとっている。天然に存在するにおい分子は，単結合が主であり，そこにいくつかの二重結合が組み合わさって作られている（もちろん，単結合だけで分子を形成しているにおい分子もある）。そして，炭素原子のつながり方によって，多くの形の有機分子が生み出される。例えば，炭素原子四つが二つの単結合と一つの二重結合をすることで分子が作られている場合，$CH_3-CH_2-CH=CH_2$と$CH_3-CH=CH-CH_3$の2種類が存在することになる（分子式が同じで，つながり方の異なるこの二つの分子のような関係の分子を，たがいに構造異性体と呼んでいる）。形が異なれば当然においも異なってくる。また，炭素原子の数が増えれば，つながり方も増えてくる。これらのことによる分子の形の違い以外にも，単結合で形成された分子には鏡像異性体という立体構造の違いが，二重結合を有する分子には幾何異性体（シス-トランス異性体）という立体構造の違いが存在する（**図1.8**）。これら2種類の立体異性体について，具体的なにおい分子をあげて説明する。

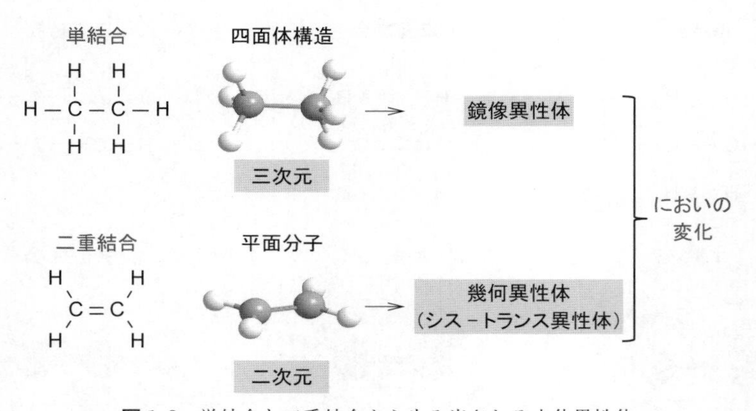

図1.8　単結合と二重結合から生み出される立体異性体

まず，幾何異性体について説明する。草の青臭いにおいの成分として知られている青葉アルコール（*cis*-3-ヘキセノール）は，**図1.9**に示したように分子中に一つの二重結合を有している。そして，二重結合の両端にCH_2CH_3と

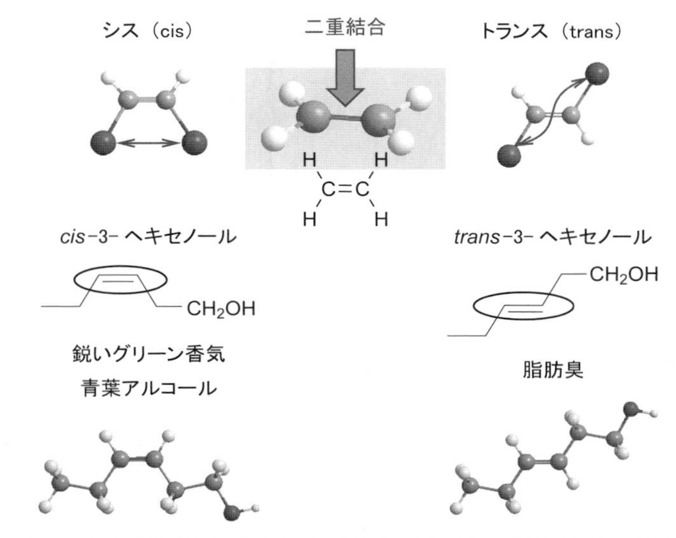

図 1.9　幾何異性（シス-トランス異性）によるにおい分子のにおいの違い

CH_2CH_2OH の二つの原子団が結合している。この二つの原子団が同じ側にある構造をシス（cis），反対側にある構造をトランス（trans）という。青葉アルコールはシスの立体構造を有しており，鋭いグリーン香気を示す。一方，トランス体のにおいは脂肪臭であり，これらはまったく異なっている。一つの二重結合の存在によって空間的な分子の配置構造が大きく異なっていること，つまり分子の形が異なっていることが，ここでもにおいの違いとなって表れているのである。

つぎに，鏡像異性体について説明する。先ほど述べたように炭素原子には四つの手がある。すると，四つの手は，正四面体の四つの頂点に向かって延びていることになる。つまりは四面体構造である。**図 1.10** の上部に示したように，炭素原子の四つの手にそれぞれ異なった原子や原子団が結合した炭素原子を不斉炭素原子と呼ぶ。ここでは，不斉炭素原子を有する乳酸を例に，鏡像異性体とはどういうものかを示す。図に示したように乳酸の炭素原子には四つの異なった原子，原子団が結合しているので，鏡像異性体が存在する。これら二つの分子は鏡像の関係にあるが，たがいに重ならない。つまり，異なった分子であ

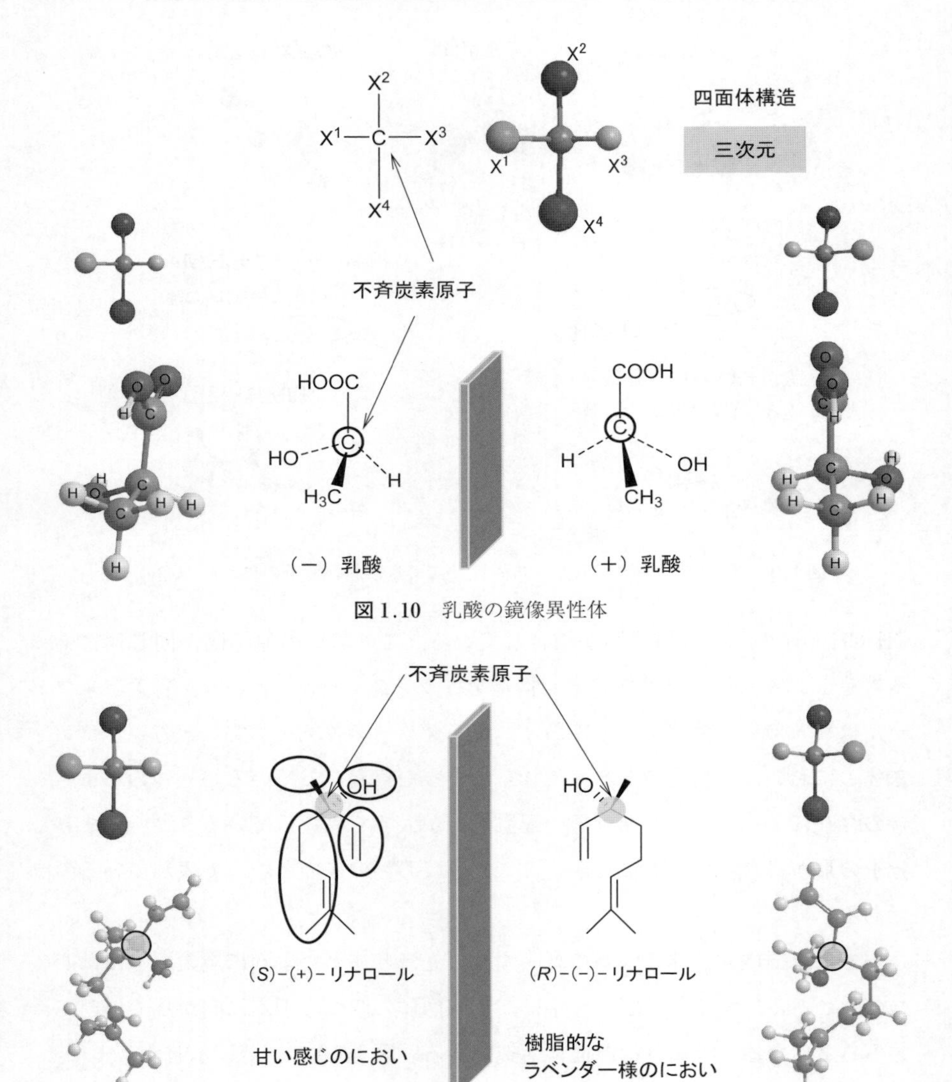

図 1.10　乳酸の鏡像異性体

図 1.11　鏡像異性体の例：リナロール

る。におい分子には，不斉炭素原子をもったものがたくさんあり，**図 1.11** に示したリナロールもその一つである。天然の花のにおい成分には (*S*)-(+)-リナロール（S体）が含まれており，このにおい分子は甘いかおりをもっている。その一方で，鏡像異性体の（*R*)-(−)-リナロール（R体）は，ラベンダーのようなまったく異なったにおいを有している。

もう一つの例として，柑橘類のにおい成分として知られているリモネンを示す。リモネンには**図1.12**に示したように鏡像異性体としてR体とS体が存在し，天然の多くの柑橘類には，R体のみがにおい成分全体の90％以上も含まれている（**図1.13**)。それに対してS体はテルペンに似たにおいを有し，R体とは明確に異なっている。このように，鏡像異性体どうしも，異なったにおいの特徴を示す。ちなみに，味の世界でも鏡像異性体でまったく異なった特徴を示すものがある。それが，**図1.14**に示したグルタミン酸である。L体のNa塩は，うまみの成分として知られている。

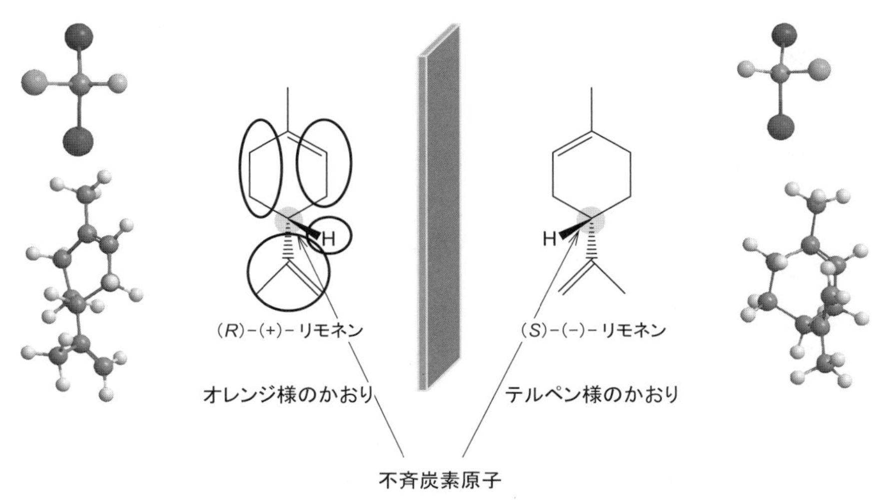

図1.12　鏡像異性体の例：リモネン

これまでに説明した幾何異性や鏡像異性の関係にある分子どうしは，「立体配置が異なる」と呼ばれる。これら異性体は，基本的に相互に入れ替わることはない。これに対して，相互に入れ替わる関係の分子の構造の違いも存在し，それは立体配座と呼ばれるものである。エタン分子を例に説明する。エタン分

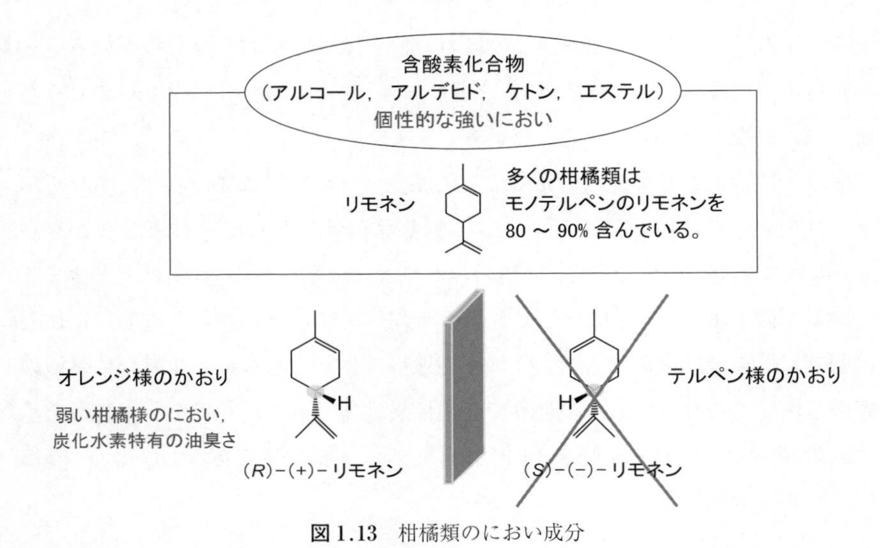

図 1.13　柑橘類のにおい成分

L−グルタミン酸

COOH

H_2N　H

*

COOH

Na 塩はうまみ
あり

D−グルタミン酸

HOOC

H　NH_2

*

HOOC

Na 塩はうまみ
まったくしない

図 1.14　鏡像異性体の例：グルタミン酸

子の C–C 単結合を**図 1.15** の左側に示し，これを矢印の方向から見た図（ニューマン投影図という）を右側に示した。C–C 単結合は，図に示したように自由に回転しうる（このことを自由回転という）。そのとき，図の右側に示したよう

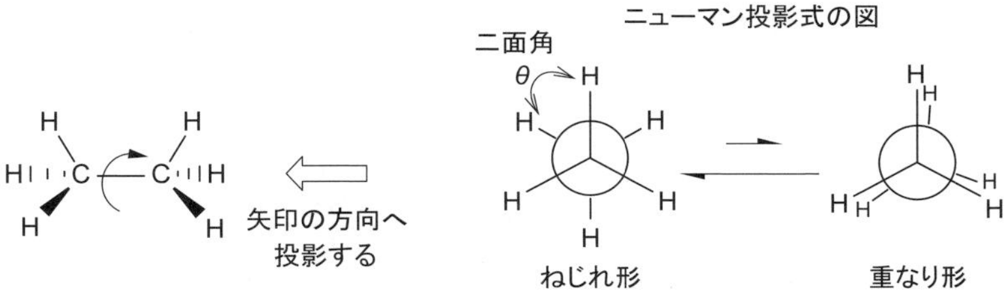

図 1.15　エタン分子の立体配座

に水素原子どうしが重ならない場合（ねじれ形）と重なる場合（重なり形）がある。そして，エタン分子の両側の水素原子一つが CH_3 になったブタン分子の場合は，**図 1.16** のような配座異性体が存在する。一般に，ねじれ形より重なり形のほうがエネルギー的に不利であるので，分子はねじれ形のほうで存在している確率が高い。しかし，このような配座異性体間のエネルギー差は小さいため，通常は容易に相互に入れ替わっている。

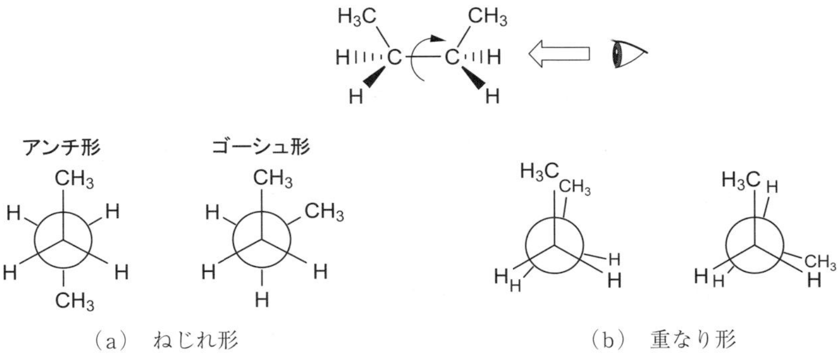

図 1.16　ブタン分子の立体配座

また，シクロヘキサンのような環構造を有する場合にも配座異性体は存在する。多くの配座異性体のうち，おもな異性体は**図 1.17** に示したいす形と舟形と呼ばれる二つの配座異性体である。この二つの異性体のうち，舟形には重なり形の配座状態が存在するため，すべてねじれ形であるいす形よりもエネルギ

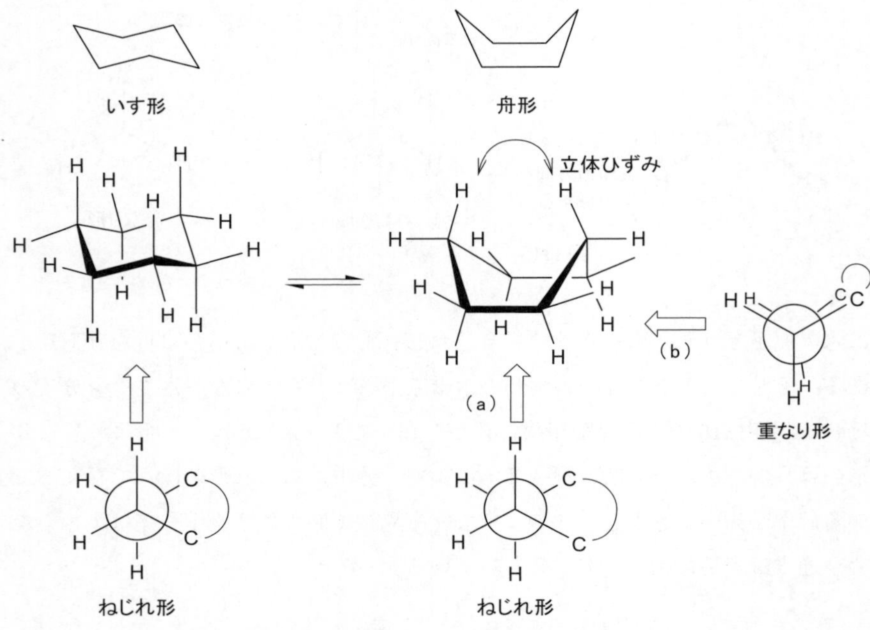

図 1.17　シクロヘキサン分子の立体配座

ー的に不安定となっている。このため，通常シクロヘキサン分子の立体構造は，いす形で表記されている。このような配座異性は，分子骨格の構造にとって重要な役割を有している。

1.1.3　実際のにおい分子の構造の特徴

これまでに説明した有機分子の構造についての基礎知識をもとに，実際のにおい分子の構造を検討してみる。エタノール，ゲラニオール，メントールの分子構造を**図 1.18～1.20** に示す。

エタノールの分子は，炭素原子 2 個で分子骨格（油と仲のいい性質，疎水性をもつ）が形成されており，この骨格に水と仲のいい性質（親水性）の官能基 OH が結合している。疎水性と親水性については，のちほど詳しく説明するが，におい分子の性質を理解するうえで重要なものである。つぎに，ゲラニオ

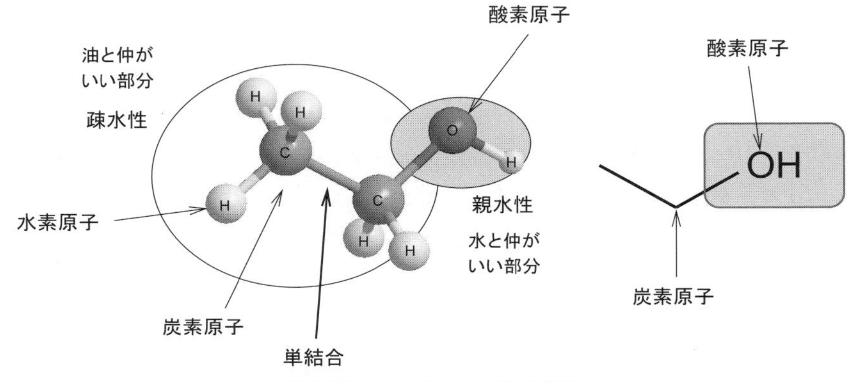

図 1.18　エタノールの分子構造

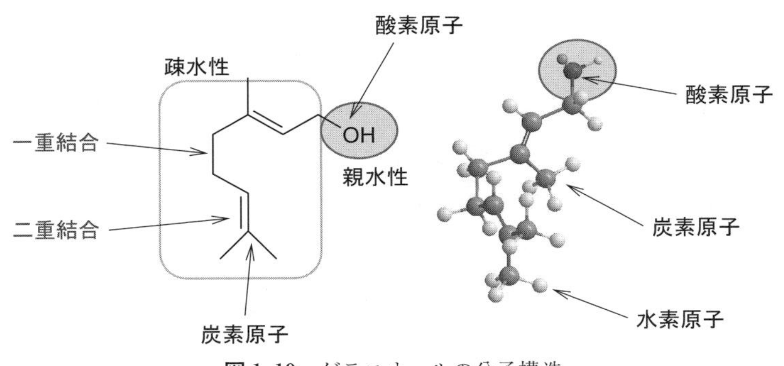

図 1.19　ゲラニオールの分子構造

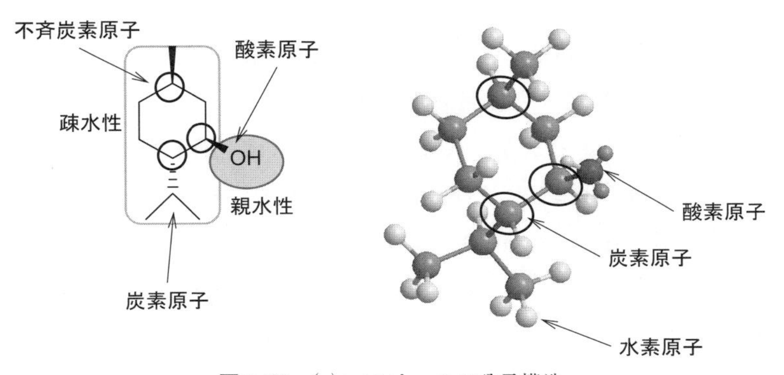

図 1.20　(-)-メントールの分子構造

ールの分子の形を見てみる。これらは炭素原子 10 個で分子骨格が作られており，その骨格中に二つの二重結合が組み込まれている。エタノールの場合には，自由回転をしても分子全体の形はそれほど大きく変わらない。しかし，炭素原子が 10 個もあると C-C 単結合の自由回転によってさまざまな立体配座をとりうることになる。ではここに，二重結合が導入されたらどうなるか。二重結合は自由に回転ができない。そのため，分子の形が剛直（二重結合まわりの分子の形が自由に変化することがない）になってくるのである。分子の形がある程度剛直になっていることは，においの特徴の明確化に関わってくると予測される。なお，メントールではその剛直さが環構造の形成ということで達せられる。メントールのにおいは，ハッカ臭という読者にもよく知られている特徴的なにおいである。さらにこの分子には，不斉炭素原子が三つもある。つまり，$2 \times 2 \times 2 = 8$ 個もの立体構造の異なる異性体が存在することになる。そして，そのうちの一つがハッカ臭を有するメントールというわけである。

以上説明したように，有機分子の形についての基礎的な理解は，その物質の形とにおいの特徴との結びつきの理解において不可欠である。

1.2　におい分子の性質

1.2.1　分子（有機分子）の疎水性と親水性

有機分子の骨組みは，基本炭素原子がつながることで作られている。この骨格は，図 1.3 で示した石油に含まれる有機分子の例からもわかるように油の性質をもっている（疎水性または親油性という）。ところでエタノールは，お酒の成分として知られているように水に溶ける。それは，**図 1.21** に示したように分子中に親水性の OH 基（ヒドロキシ基）をもっているからである。油の性質をもつ分子骨格を有しているにもかかわらず，OH 基をもっていることで，分子のもつ性質が変わってくる。この OH 基のように，有機分子にある特定の性質を付加する原子団を官能基と呼んでいる。官能基には，OH 基のような親水性のものと疎水性のものとがあり，それぞれ**図 1.22** および**図 1.23** に示した。

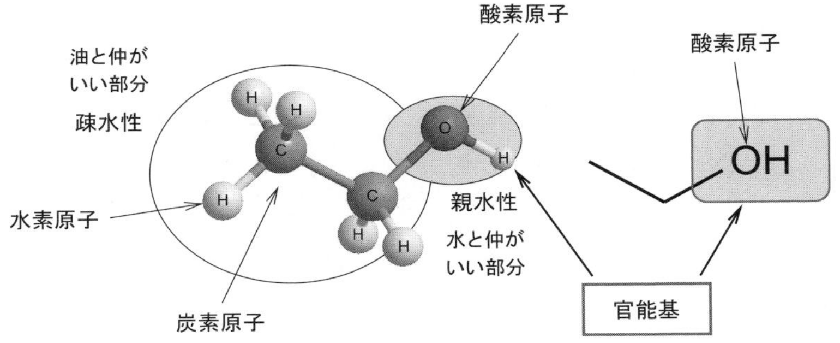

図 1.21　エタノールの分子構造と官能基

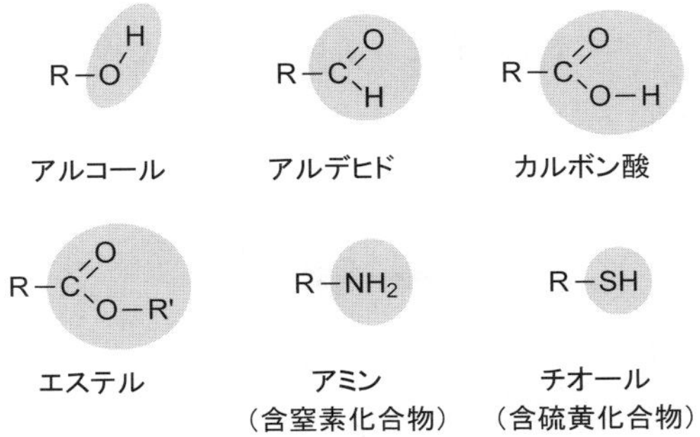

R−OH　アルコール

R−CHO　アルデヒド

R−COOH　カルボン酸

R−COO−R'　エステル

$R-NH_2$　アミン（含窒素化合物）

R−SH　チオール（含硫黄化合物）

図 1.22　親水性の官能基

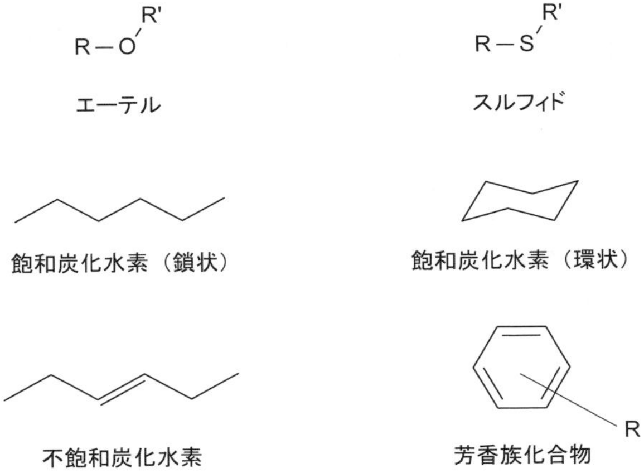

R−O−R'　エーテル

R−S−R'　スルフィド

飽和炭化水素（鎖状）

飽和炭化水素（環状）

不飽和炭化水素

R　芳香族化合物

図 1.23　疎水性の官能基（有機分子の骨格構造）

なお，図 1.23 に示したもののうち酸素原子と硫黄原子を含んだ官能基は，親水性と疎水性の境目にあるものと考えられるが，エーテルやスルフィドはどちらかといえば疎水性に近いので，疎水性に含めた。ここにあげていないニトロ基（NO_2基）などの官能基も存在するが，におい分子には通常存在しないので省いてある。

さて，図 1.23 に示した疎水性の官能基は，有機分子の分子骨格を形成しているものであり，その最小の構造が CH_3 である。例えば CH_3 に図 1.22 で示した親水性をもつ種々の官能基が結合することで，アルコールなどの特徴的な性質を有する化合物群が作られる（**図 1.24**）。では，骨格構造を形成している，図 1.23 に示した疎水性の官能基による分子全体の性質への影響はないのだろうか。その答えには，各官能基に含まれる炭素原子の数が大きく関わっている。炭素原子の数が少ない場合には，図 1.22 で示した官能基に由来する性質が分

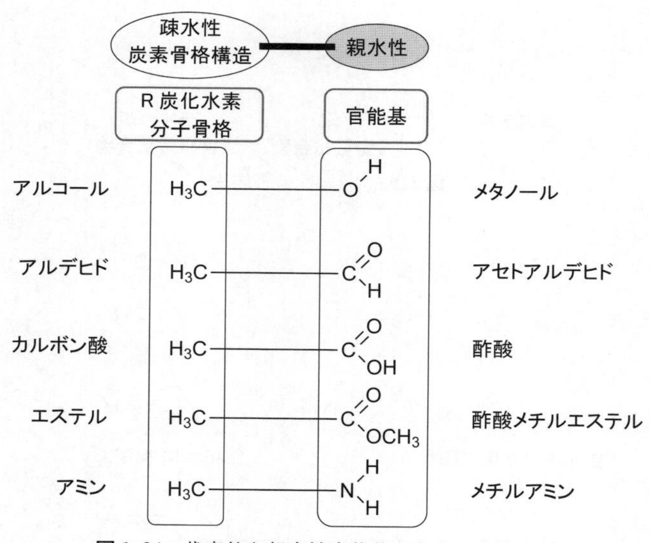

図 1.24　代表的な親水性官能基を有する有機分子

子の性質として発現している。しかし，分子骨格を形成している原子の数が多くなると，分子骨格の疎水性の性質があらわれてくる。このように，有機分子（とくににおい分子）の性質は，分子骨格を形成している疎水性の官能基と，特徴的な性質を付加する親水性の官能基の組み合わせによって形成されている，と考えることができる。

1.2.2 におい分子が溶けるということ

ここでは，有機分子の重要な性質の一つである「溶ける」という現象を分子レベルで考えてみることにする。二つの物質 A と B があり，これを混ぜたときにどうなるかを**図 1.25** に示した。

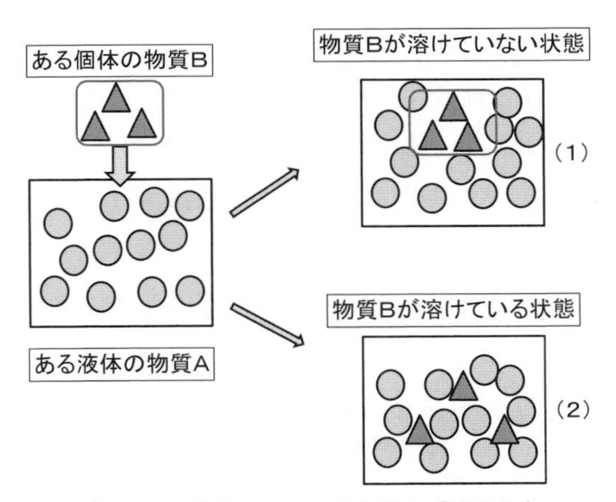

図 1.25 分子のレベルから見た「溶ける」

図において，（1）の状態が溶けていない状態に，（2）が溶けた状態に相当する。例えば，物質 A が水であると考えてみる。物質 B がサラダ油やバターのような疎水性の分子の場合，水と仲が悪いため水とは混ざらない。よって，水には溶けないで，そのまま水に浮かんだ状態になる。一方，物質 B がエタノールや砂糖などであれば水と仲良くできるため，（2）のような状態になる。つまり，溶けたということである。このように，物質が溶けるあるいは溶けないという現象にとって，溶かすものと溶かされるものの相互の水に対する性質の違い，すなわち疎水性と親水性という分子構造中の性質は重要な要因となっている。

溶けるということをもう少し詳しく説明する。先に述べたがエタノールは**図1.26**に示したように，疎水性の分子骨格と親水性のOH基から作られている。エタノールが水と容易に混ざるのは，親水性の官能基の性質が疎水性の官能基の性質を上回っているからである。では，疎水性の性質が強くなれば水に溶けなくなるのだろうか？　そのことを**図1.27**に示した3種類の分子の，水に対する溶解度から考えてみることにする。これを見るとエタノール，プロパノール，ブタノールの順に，分子骨格を形成している炭素原子の数が一つずつ増えている。つまり，分子全体に対する疎水性の部分が増えていることになる。そうなると相対的に，ヒドロキシ基（OH基）の占める割合が減っていく。すなわち分子全体では，疎水性の性質が大きくなり，親水性の性質が小さくなっていっているのである。結果，水に対する溶解度が図1.27に示したように減少していっている。それでもまだブタノールは水に溶けるといっていい。しかし，もっと炭素原子が結合していったらどうなるだろうか。**図1.28**には，植物油の成分として知られているオレイン酸の構造を示した。オレイン酸は，炭素

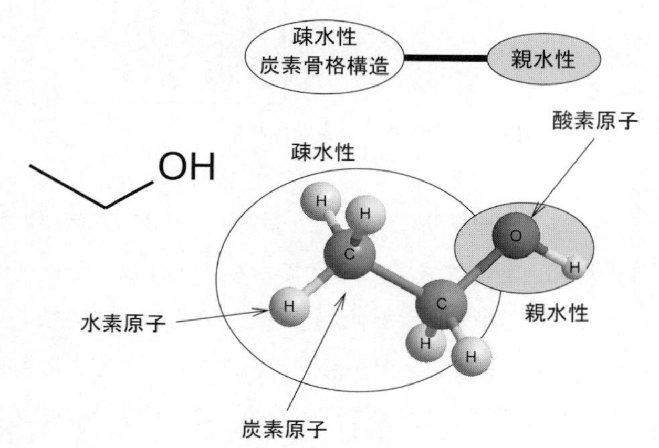

図1.26　エタノールの分子構造における疎水性部分と親水性部分

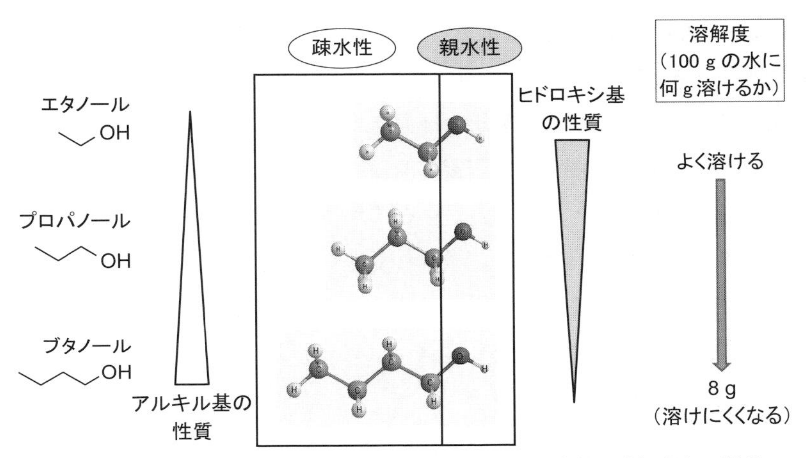

図 1.27 鎖状アルコールの構造とその疎水性および親水性の溶解度との関係

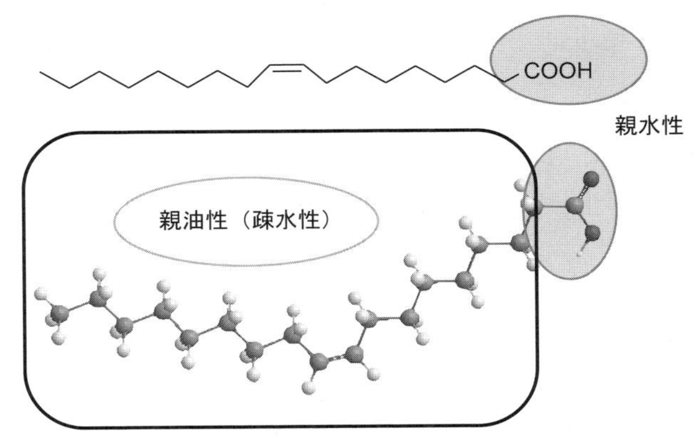

図 1.28 オレイン酸の分子構造における疎水性部分と親水性部分

原子 17 個で分子の骨格が作られており，そこに親水性のカルボキシ基（COOH 基）が結合している。図を見て明らかなように，疎水性の部分が圧倒的に大きい。こうなると水にはほとんど溶けない。なお，カルボキシ基を含む酢酸 CH_3COOH は，酸っぱさの原因成分としてお酢に含まれている化合物で，水によく溶ける。

1.2.3　におい分子の沸点と構造

有機分子の沸点は，におい分子にとって最も重要な性質といっていい。においを感じるには，当然におい分子が揮発して鼻にあるにおい受容体に到達しなくてはならない。この揮発性と密接に関係しているのが，におい分子の沸点である。沸点が低い物質と高い物質が存在すれば，沸点の低いほうがより多くの分子が揮発して，においとして認識されやすくなる。では，沸点は有機分子の構造の何が関係しているのか。そのことについて**図 1.29** をもとに詳しく説明する。

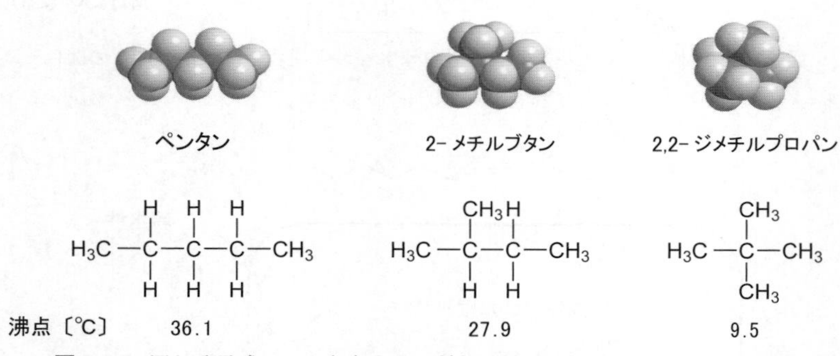

図 1.29　同じ分子式 C_5H_{12}を有する 3 種類の構造異性体の分子構造と沸点

図に示した 3 種類の分子は，いずれも分子式が C_5H_{12}である。すでに述べたように，炭素原子にはほかの原子との結合に使える手が四つある。その四つを使って単結合で炭素原子と水素原子との結合を作った場合，図に示した 3 種類の結合の仕方が可能になる。これら 3 種類をおたがいに構造異性体と呼んでいる。分子式は同じであるが，その分子の形は大きく異なっている。そして，その結果が沸点の違いとなって表れており，左の分子から右の分子になるに従って，沸点が下がっていることがわかる。ところで沸点とは，ある物質の分子がその液体状態での分子間に働く力を振り切って気体状態になる温度のことである。したがって，分子間に働く力が大きくなればなるほど沸点は高くなる。ということは，ペンタンのほうが 2,2- ジメチルプロパンよりも分子間に大きな力が働いていることになる。**図 1.30** に示したような非極性の炭化水素分子間に働くのはファンデルワールス力と呼ばれる力である。この力は，分子どうしの接触面積が大きいほど強くなる。図に示したように，ペンタンはほかの二つの分子よりも分子間の接触する部分が多いため，結果として物質の沸点が高くなるのである。

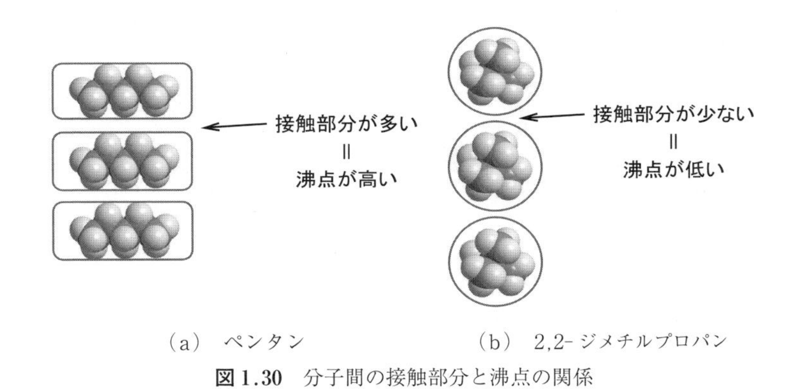

（a）ペンタン　（b）2,2- ジメチルプロパン

図 1.30　分子間の接触部分と沸点の関係

分子間に働く力は，このファンデルワールス力以外にも存在する。分子が極性をもっている極性分子の間には，ファンデルワールス力よりも強い静電引力という力が働いている（**図 1.31**）。この極性は，もともとは原子の電子を引きつける力（電気陰性度という）の違いから生まれている。図の右側に示した C–Cl 結合では，Cl のほうが C よりも電子を引きつける力が強いため，結合に使われている電子が Cl のほうに引きつけられ，その結果 C–Cl の結合は図に示すように分極する。

また，分極した結合をもつ極性分子になると分子間に静電引力が働き，ほぼ同じ分子量の非極性炭化水素に比べて約 2 倍の沸点をもつようになる（**図 1.32**）。

そして，上記二つよりもさらに大きな分子間力が**図 1.33** に示した水素結合である。水が高い沸点を有するのも，この水素結合のおかげである。このことは，有機分子でも同様のことがいえる。**図 1.34** に示したようなアルコール類

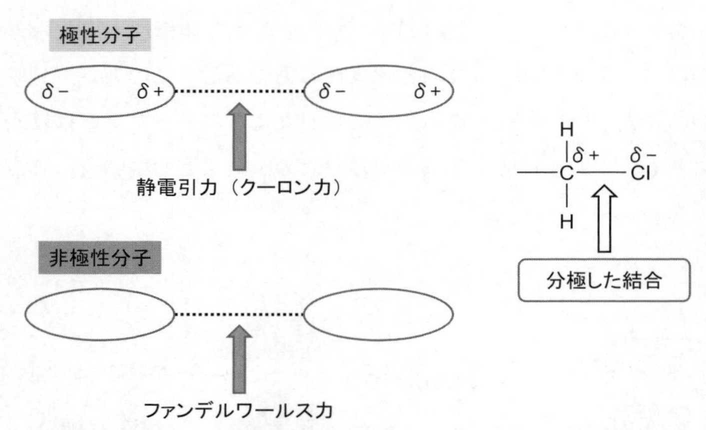

図 1.31　極性・非極性分子間に働く力と有機分子の分極した結合

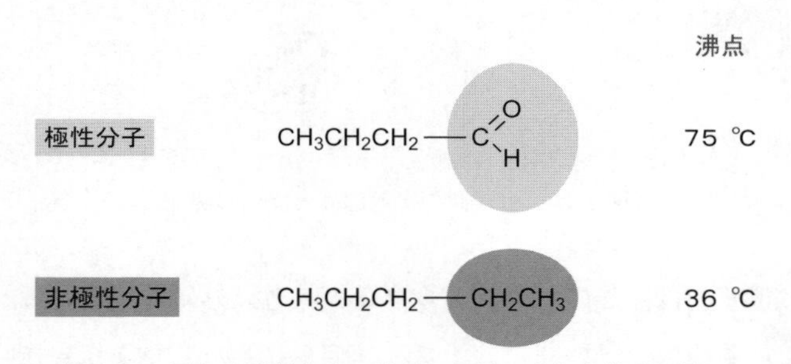

図 1.32　同じ分子量をもつ分子の極性の有無と沸点の違い

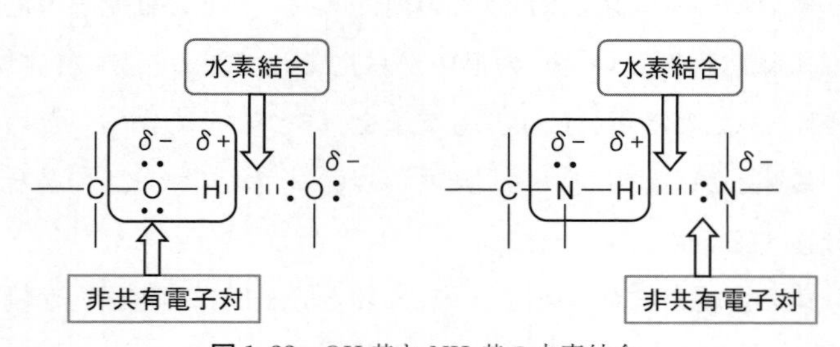

図 1.33　OH 基と NH_2基の水素結合

は，OH 基間の水素結合の存在によって，対応する炭化水素に比べて桁違いに高い沸点を有するのである。

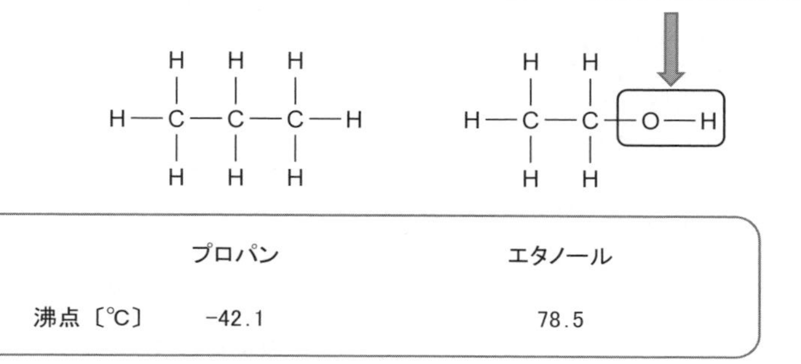

図 1.34　ほぼ同じ分子量の分子における水素結合の有無と沸点の違い

1.3　におい分子の構造解析の基本手段

1.3.1　におい分子（有機分子）の構造解析の手順

ここまで，有機分子の構造上の特徴について説明した。では，有機分子の構造はどうやって突き止めるのか。基本的に有機化合物の構造決定や同定のためには，物質を純粋にしなくてはならない。そして，きれいになった物質から得られた機器分析データと，既存のデータ（文献や成書などから得る）との比較によって構造を推定する（**図 1.35**）。データが一致すれば，構造決定や同定に至る。しかし，一致しなかった場合には，さらにさまざまな機器分析法を駆使して，構造決定を行うことになる。

つぎに，一般的な構造決定の手順について説明する（**図 1.36**）。精製された化合物については，質量分析法（MS）などの分析測定によって分子式が求められる。そして，そのあとの赤外分光法（IR）によって，どんな官能基を有しているのかについての情報が得られる。分子中に共役系が存在する可能性がある場合には，紫外可視分光法（UV-vis）の測定も行う。このように，有機化合物の構造決定や同定には，さまざまな機器分析法が用いられている。その中でも特に重要なのが，核磁気共鳴法（NMR）である。実際には，この方法で分子式

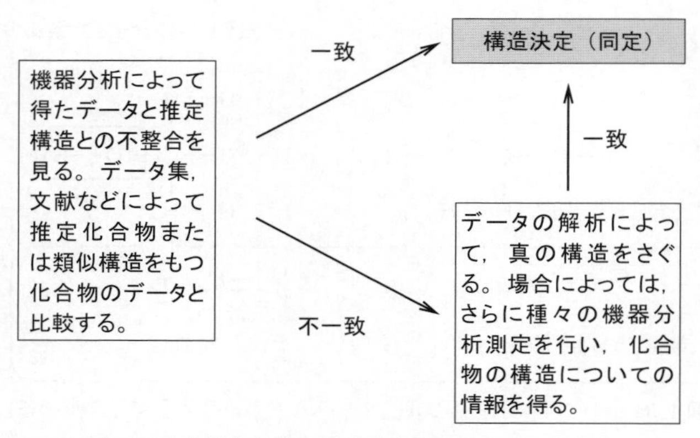

図 1.35　有機化合物の構造決定または同定の考え方

化合物を精製して純品にする → 形状，融点または（および）沸点

MS　：分子量
元素分析，高分解能MS：組成式
→ 分子式が求まる

IR　：結合情報（どんな官能基をもっているのか）
UV-vis：共役情報（不飽和結合がある場合，共役しているかいないか）
NMR　：骨格情報（プロトンどうしのつながりやどんな炭素骨格構造をもっているか）

図 1.36　有機化合物の一般的な構造決定の手順

の推定や官能基の有無を知ることもできるため，有機分子の構造決定にとって中心的な役割を果たしている。次項でこの方法の概略について述べる。

1.3.2　核磁気共鳴法（NMR）を用いたにおい分子の構造解析

本項では，リモネン（limonene）を例に核磁気共鳴法（NMR）の構造解析について説明する。NMR とは，原子を磁場の中に置いたときに起きる現象を利用した分析方法であり，おもに測定対象にしている原子は，プロトン（^{1}H）とカーボン（^{13}C）である。**図 1.37** には^{1}H NMR のチャートを，**図 1.38** には^{13}C NMR のチャートを示した。NMR においてもっとも重要な情報は，化学シフトと呼ばれる数値である（^{1}H NMR スペクトルの化学シフトを**図 1.39**，^{13}C NMR スペクトルの化学シフトを**図 1.40** に示す）。化学シフト（δ と表記される）は 1，10，100 などの無次元の数値で示され，例えば δ 10.5 または 10.5 ppm と記載される。基準はテトラメチルシラン $(CH_3)_4Si$ という揮発性化合物で，この化合物のプロトンとカーボンの化学シフトを 0 としている。化学シフトの定義は本書の範囲を超えるので省略するが，ここではこの値によって，有機分子を構成する水素原子と炭素原子が，分子のどんな構造を作るユニットになっているかを知ることができる，として以降の説明をする。

まず，^{1}H NMR スペクトルの化学シフトについて説明する。図 1.39 に記載

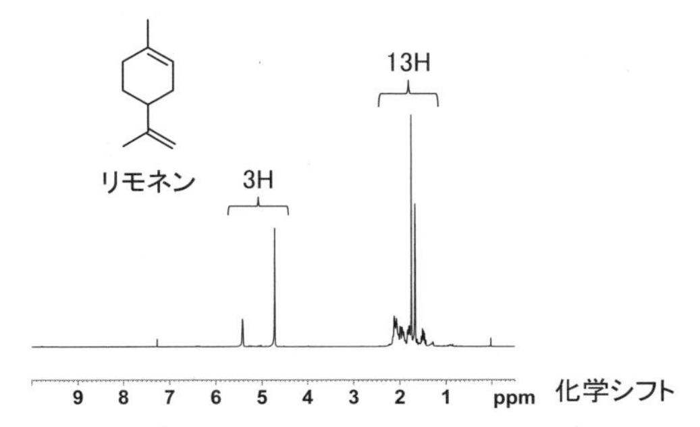

図 1.37　リモネンの^{1}H NMR スペクトルのチャート（400 MHz，$CDCl_3$）

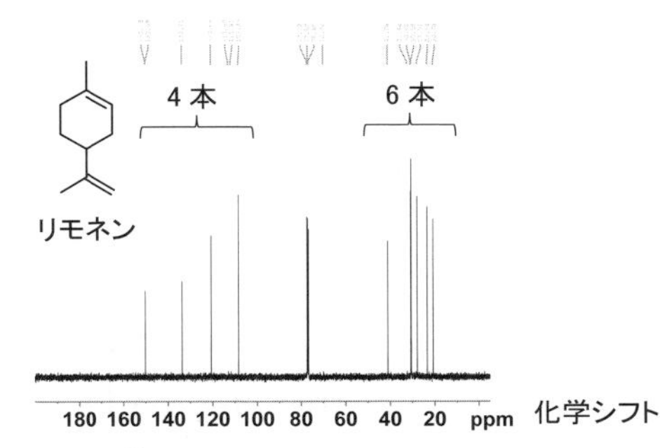

図 1.38　リモネンの^{13}C NMR スペクトルのチャート（100.6 MHz，$CDCl_3$）

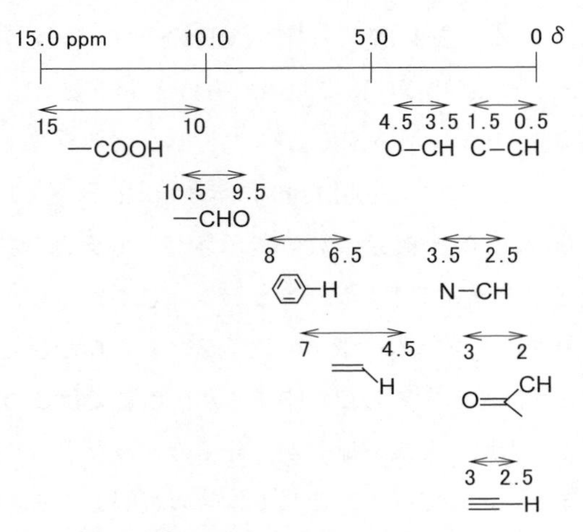

図 1.39　^{1}H NMR スペクトルの化学シフト

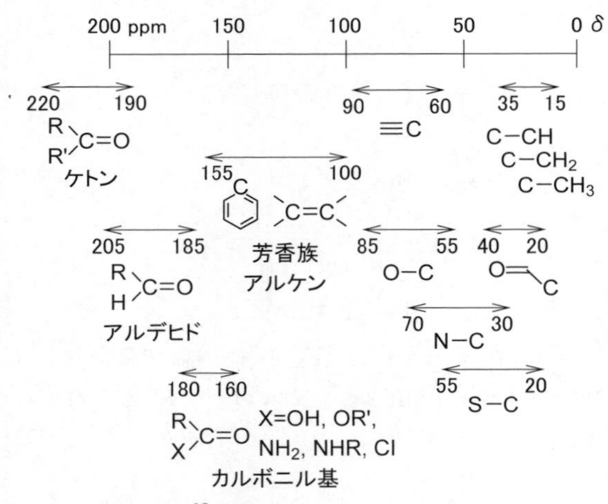

図 1.40　^{13}C NMR スペクトルの化学シフト

されているように化学シフトの値を調べることによって，アルキル基の水素なのかオレフィンの水素なのか，またはアルデヒドの水素なのかが判明する。ここで，リモネンの^{1}H NMR スペクトル（図 1.37）を検討してみることにする。図に示したチャートの横軸が化学シフトであり，これを見ると，2 ppm 付近と

5 ppm 付近に吸収が観測されている。これを図 1.39 と照らし合わせると，アルキル基のプロトンとオレフィンプロトン（二重結合に結合したプロトンのこと）の存在が判明する。さらに^{1}H NMR では，吸収の面積（積分値という）がプロトンの相対的な数の比になる。つまり，5 ppm 付近の 2 本の吸収がオレフィンプロトン 3 個の水素原子（3H）に基づくとすると，2 ppm 付近の吸収は積分値の比較から，13 個の水素原子（13H）による吸収となる。リモネンの構造式を見てわかるように，実際の物質でも確かに 2 種類のオレフィンプロトンが 3 個あり，飽和炭化水素の数は 13 個となっている。これ以外の情報として結合定数というものがあるが，ここでは割愛する。詳細は，NMR の専門書を参照していただきたい。

ここまで構造決定の概要について述べたが，香料化学においての^{1}H NMR のおもな用途は，同定である。ほとんどの香料分子は既知であり，その NMR データは公開されているデータベースから容易に取得することができる。自分で測定して得た^{1}H NMR スペクトルのチャートが，報告されているチャートと同じような形であれば，ほぼ同一の分子であるといえる。ここで，ほぼと述べたのには理由がある。^{1}H NMR では，多くのにおい分子が複数の飽和炭化水素をもっているため，それらの水素原子が図 1.37 に示されたように 1 か所に固まって観測されてくる。このため，この部分の吸収は，多くの分子において区別がつかなくなってしまうのである。そこで，^{13}C NMR スペクトルが重要になってくる。^{13}C NMR のスペクトルは，図 1.38 に示したように，分子構造を構成する炭素原子一つずつが 1 本の吸収として観測されている。ここに図 1.40 の化学シフトの情報を加えることで，オレフィンカーボン（二重結合のカーボン）が 4 本，飽和炭化水素カーボンが 6 本の，計 10 本の吸収が観測されていることがわかる。なお，この^{13}C NMR スペクトルのデータも公開されているデータベースから容易に入手できる。データベースからリモネンのスペクトルを調べ，10 本すべての吸収位置がほぼ一致していれば，その物質がリモネンであると同定できるのである。ただし，^{13}C NMR スペクトルからは，通常積分値や結合定数といった情報は得られない。

ここまでに説明したことをもとに，**図 1.41** のデータを観察してみる。図の左側にはリモネンの^{1}H NMR および^{13}C NMR スペクトルチャートが，右側にはレモンの果皮から抽出したにおい成分を測定したデータが示されている。これらを比較することで，レモンにリモネンが主成分として含有していることが明確に判断できる。さらに，微量ではあるが，リモネン以外の成分の含有も観察される。

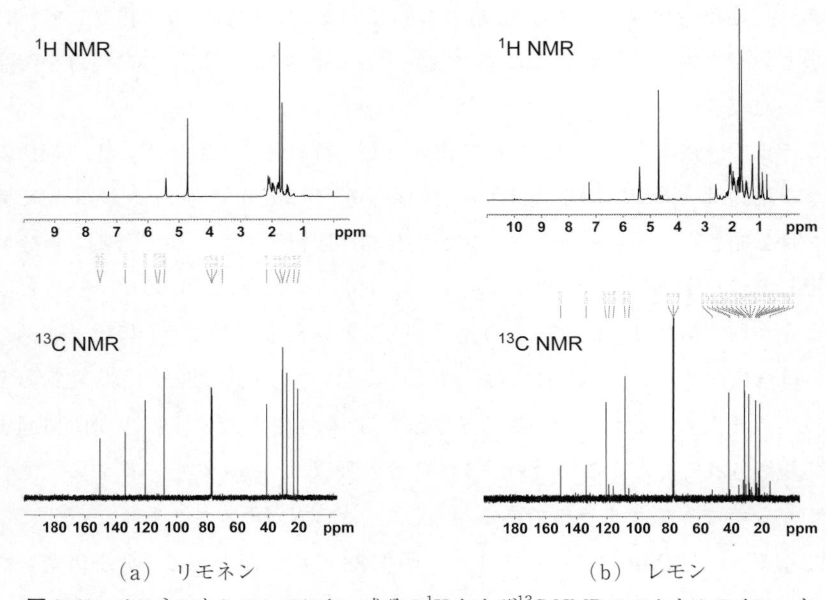

（a）リモネン　（b）レモン

図 1.41　リモネンとレモンのにおい成分の^{1}H および^{13}C NMR スペクトルのチャート

つぎは，さまざまな柑橘類から得られた抽出物の^{1}H NMR および^{13}C NMR スペクトルのチャートを観察してみることにする。**図 1.42** には，イヨカン，グレープフルーツ，レモンの^{1}H および^{13}C NMR スペクトルのチャートを示した。一見して，すべての抽出物においてリモネンが主成分として含まれていることがわかる。さらに，よく観察してみるとそれぞれの吸収スペクトルの細かいところが異なっていることもわかる。このことは，これらに含まれている成分に

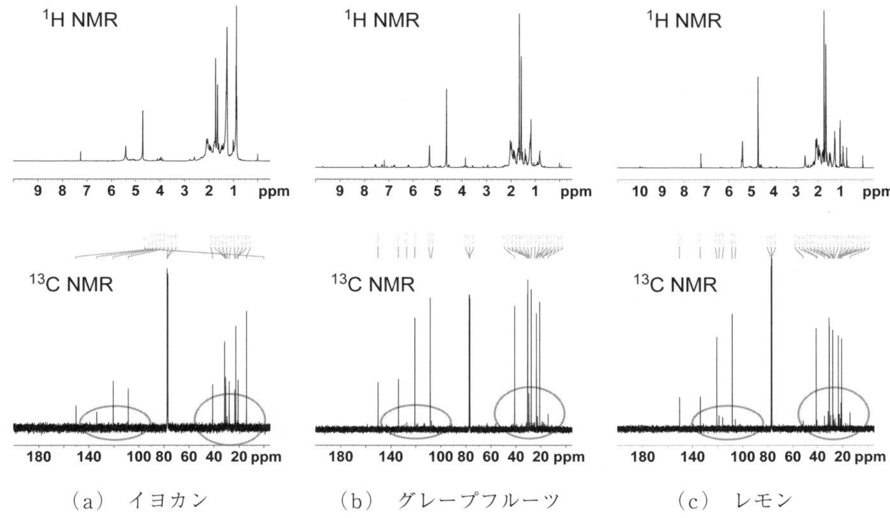

（a）イヨカン　（b）グレープフルーツ　（c）レモン

図 1.42　イヨカン，グレープフルーツ，レモンの抽出物の ^{1}H および ^{13}C NMR スペクトルのチャート

基づく小さな吸収が，わずかではあるが明確に異なっていることを示している。つまり，それぞれに含まれている微量成分が異なっているということである。レモン，グレープフルーツ，イヨカンはそれぞれ異なるにおいを有しているが，この微量成分の違いこそがこれら3種類の柑橘類のにおいの違いを生み出しているのである。このように，NMR を用いることによって，混合物にどんな化合物が含まれているかの情報を容易に得ることができる。

1章の内容は以上だが，ぜひ以下の二つの特徴を覚えておいてほしい。この章で説明した，有機分子としてのにおい分子の以下の特徴が，今後の章で説明するにおい成分の抽出や分析を理解するうえで重要になってくる。

①　におい分子は親油性である。

②　におい分子の骨格の構造と官能基の組み合わせによって分子の性質が決まる。

コラム１

アロマ水を振るとにおいがすごくするのはなぜか

アロマ水とは，精油などのにおい成分を含んだ水のことである。水以外にエタノールが添加されている場合もある。このアロマ水を体に振りかけると，非常に強いにおいが発生する。におい成分を含んでいるのだからにおいがするのは当たり前だろうと思われるかもしれないが，このような強いにおいがする大きな原因は，におい分子の性質にある。本章で説明したように，におい分子の骨組みは炭素原子で作られ，基本的には油と仲のいい性質をもっている。つまり，におい分子は親油性で油にはよく溶けるが，水には溶けにくい。この性質がなければ，アロマ水を振っただけで容易ににおいがすることはない。では一体どのようにして強いにおいが発生するのか，その理由について以下で説明する。

アロマ水の中の様子を分子の視点から描くと，おおよそ下の**図**のようにとらえることができる。におい分子と水分子は，文字どおり油と水の関係であり，仲良くはできない。つまり，たくさんの水分子の中に，わずかなにおい分子が肩を寄せ合って混じっているわけである。におい分子は，水の中では居心地が悪く，できるだけ水分子から逃れたい。そのため，アロマ水を振るとにおい分子が水から飛び出してきて，空気中に漂うことにな

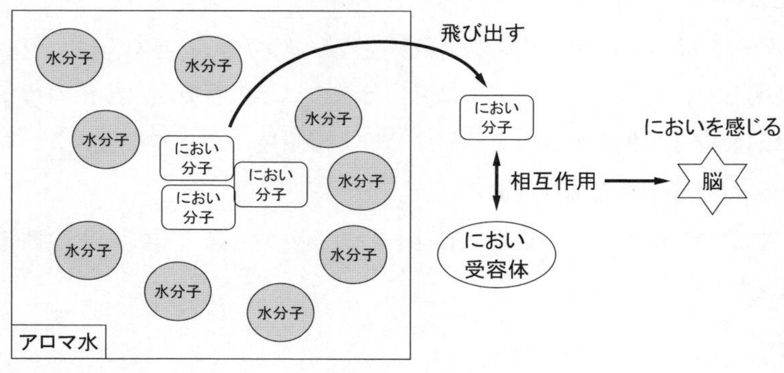

図　アロマ水におけるにおい分子のふるまい

る。そして人の鼻にあるにおい受容体に到達して，それが脳に伝わり，われわれは強いにおいを感じるようになる，というわけである。

では，におい分子を油に混ぜた場合はどうなるか。油くさいにおいはすれども，におい分子のにおいはほとんどしなくなるはずである。なぜか？それは，におい分子は油と仲がいいからにほかならない。におい分子は，油の中にとどまっていたいのである。そうすると，つぎのようなことが考えられる。もし何らかの不快なにおいがするのならば，その元になるにおい分子を油に溶かしてしまえばいい。そうすれば，におい分子は油の中にとどまって，空気中に出ることはなくなり，その結果不快なにおいがしなくなることにつながるのではないだろうか。すなわち，におい分子の油と仲がいい性質を利用すれば，不快なにおいを消臭することも可能になるかもしれないのである。なお，におい分子の親油性という性質を考えると，におい分子はアロマ水に溶けているのではなく混ざっていると考えるべきであることがわかる。

また，におい分子は水にはあまり溶けないため，アロマ水に溶けているにおい分子の数はそれほど多くはならない。このことも，アロマ水という形態にすることのメリットになりうる。においは，それがどんなにいいにおいであっても，あまりに強すぎると不快になることがある。しかし，基本的ににおい分子はアロマ水にそれほど多くは混ざることはできないため，必然的ににおい分子の数が減り，においが不快なほどに強くなることがないのである。つまり，水に混ぜることによって，においが程よい強さになってくれるということである。このことからも，におい分子が水と仲の悪い親油性の性質をもっていることが，においにとっていかに重要であるかがわかっていただけると思う。

コラム２

スポーツでかいた汗のにおいは，シャワーで落とせるか

スポーツをしたあとはシャワーを浴びたいものである。特に，夏の暑い時期に冷たい水のシャワーを浴びることのなんと気持ちのいいことか。シャワーを浴びてすっきりしたところで，さあこれからどこに行こうかなと思っている人もいるかもしれない。だが，ここでちょっと立ち止まって考えてほしいことがある。あなたは，汗臭いにおいはシャワーですっかりとれるものだと思ってはいないだろうか？

結論からいうと，（特に冷たい水の）シャワーだけでスポーツ後の汗臭いにおいをとるのはきわめて難しい。できないといったほうがいいかもしれない。それはにおいの元であるにおい分子が，水に溶けにくい親油性を有しているからである。親油性であるということは，つまりにおい分子は油と同じということである。ではあなたは，油汚れをとるのにどうしているだろうか。少なくとも冷たい水では，油がよくとれないことはすでにご存知かと思う。ゆえにお湯を使ったり，中性洗剤を使ったりしているはずである。におい分子についても，これと同じということになる。汗臭いにおいは，体中についたにおい分子が原因であるが，このにおい分子を人の身体からとることは，ただシャワーを浴びるだけでは難しい。汗臭いにおいの元であるにおい分子は，油の性質ゆえに，水にはほとんど溶けない。おまけに，人の身体の表面は親油性である（もし，人の身体の表面が親水性だったら大変なことになる。雨に濡れると，人の体が溶けてしまう）。したがってにおい分子は，人の身体の表面に着いていたがるものであり，簡単には落ちてくれないのである。お湯を使えば少しはにおい分子を身体からはぎとることはできるかもしれない。しかし，少しでもにおい分子が残っていると，嫌なにおいが残ってしまう。そこで，シャンプーや石鹸などを使って，におい分子を身体から完全にはぎとる方法が用いられる。はぎとられたにおい分子は，シャンプーや石鹸に含まれている界面活性剤の力で水に溶けるようになる。結果，汗臭いにおいの元のにおい分子が人の身体からなくなり，においがしなくなるというわけである。

ところで，お風呂に入っていいにおいのするシャンプーや石鹸を使って体を洗うと，湯上りに体からそのいいにおいがするようになる。これはどうしてだろうか。それは，シャンプーや石鹸のにおいの元であるにおい分子が，汗臭いにおいの原因のにおい分子に代わって人の身体に付着するからである（**図**）。自分の好きなにおいのものを選んで，バスタイムを楽しんでいる人も多いのではないだろうか。だがここで，注意しておきたいことがある。汗臭いにおいの原因のにおい分子を体からよく落としておかないと，せっかくいいにおいのシャンプーや石鹸を使っても無駄になってしまうかもしれない。そうしておかないと，シャンプーのにおいと身体の汗臭いにおいが混じってしまう。さて，どんなにおいになるだろうか？　あまり想像はしたくないところである。

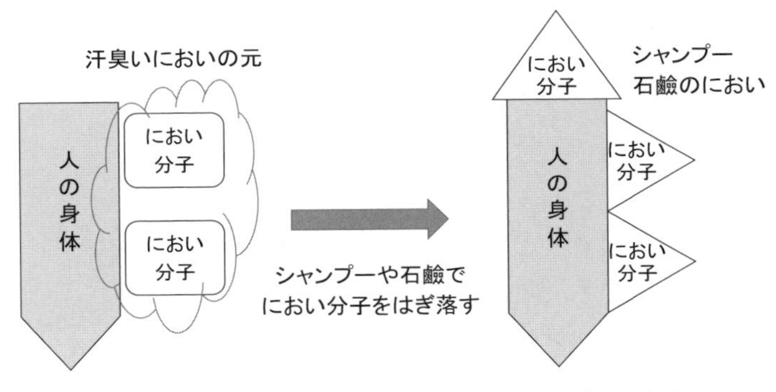

図　シャンプーや石鹸のいいにおいが体にうつる仕組み

2 章
におい素材のにおい研究の基本

におい素材のにおいについての研究とは，具体的になにをすることなのか。そして，どのようにすればいいのか。本章では，まずにおいの研究の進め方について説明する。そして，においの研究を構成する重要な要素である，におい成分の取り出し方，におい成分の分析，そしてにおいの評価（官能評価）について，基本的な考え方を説明する。

2.1　におい素材のにおい特性の解析

2.1.1　におい素材のにおい特性研究の手順

まず，におい研究の対象となるにおい素材について考えてみることにする。におい素材として思いつくものをあげてみると

果物（レモン，オレンジ，バナナ，パイナップル，メロン…）
野菜（きゅうり，ナス，ジャガイモ，ニラ，ネギ…）
花　（バラ，桜，ラベンダー，ハナミズキ，梅…）

などがあげられる。これら以外にも種，葉，木など，われわれの身のまわりにはさまざまなにおい素材が存在する。また，これらとは別に，生活環境がもたらすにおいもある。

自動車の中のにおい
家の中のにおい

川のにおい

海のにおい

…

これらもにおい素材である。つまり，あるものや場所についてにおいが存在すれば，そのものあるいは場所自体がにおい素材であるといえる。では，このにおい素材のにおいについてどのような手順で検討していけばいいのだろうか。その概要を**図 2.1** に示した。

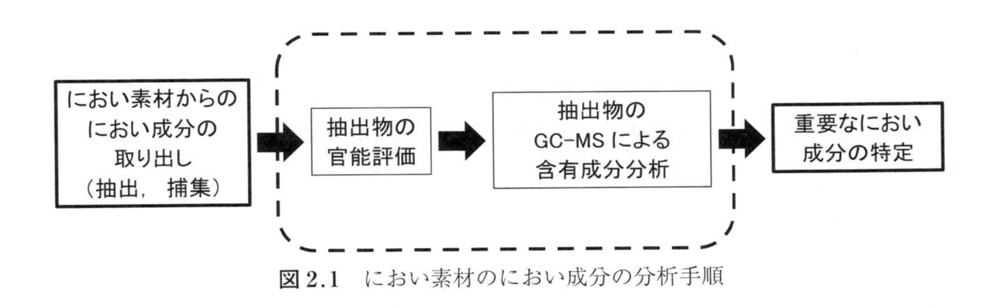

図 2.1　におい素材のにおい成分の分析手順

何らかのにおいを感じたとき，まず考えるのはそのにおいそのものを捕まえることである。つまり，におい素材から発せられるにおいそのもの（実際はにおい成分）を捕まえること（抽出，捕集）がにおい研究の第一歩である（しかし，それがなかなか難しい。におい素材からのにおい成分の取り出し方については，のちほど詳しく説明する）。そして，取り出した，もしくは捕集したものについて，どんなにおいの特徴をもっているかを人の嗅覚を使って評価する。これが，いわゆる官能評価である。この官能評価が，においの研究にとって最も重要なステップになる。におい素材からにおい成分を捕集した場合は，その捕集物（におい成分群）が調べたいにおい素材のにおいの特徴を有しているかどうかを人の嗅覚によって官能評価するわけである。

では，つぎのステップは何か。1 章で説明したように，においの元はにおい分子（におい成分）である。したがって，官能評価によって得られたにおいを発現させるようなにおい成分が必ず存在することになる。一体どのようなにおい成分なのか。それを知るために，通常はガスクロマトグラフィー（GC）という分析装置が使われる。すなわち，官能評価という人の力と分析機器による分析の両輪があって始めてにおい素材の研究が進められるのである。官能評価のデータとGCによって得られたデータから，においの原因の探索や素材のにおいの特徴を明らかにする。このことが，においの研究の大きな特徴といえる。

2.1.2 におい素材からのにおい成分の取り出し方

さて，におい素材からにおい成分を取り出すには，におい成分がどこにあるかをまず考える必要がある（**図 2.2**）。におい素材のにおいとは，その素材の近くに漂っている，素材から発せられたにおい成分を認知したことによって得られるものである。この素材近くの空間をヘッドスペースといい，その空間のにおいをヘッドスペース香気と呼んでいる。バラなどの花のにおい，オレンジのにおい，コーヒーのにおいなど，ヘッドスペース香気はわれわれにとってもっとも身近なにおいといっていい。このような空間のにおいを捕集するために，吸着材を用いた吸着法が使われる。そして，この方法で得られたにおい成分は，加熱や有機溶剤による溶解などによって取り出され，分析にかけられる。なお，この吸着法は，大気中に存在するにおい成分の捕集にも用いられている。においのする空気を捕集袋に集め，そこにあるにおい成分を吸着剤に吸着させ

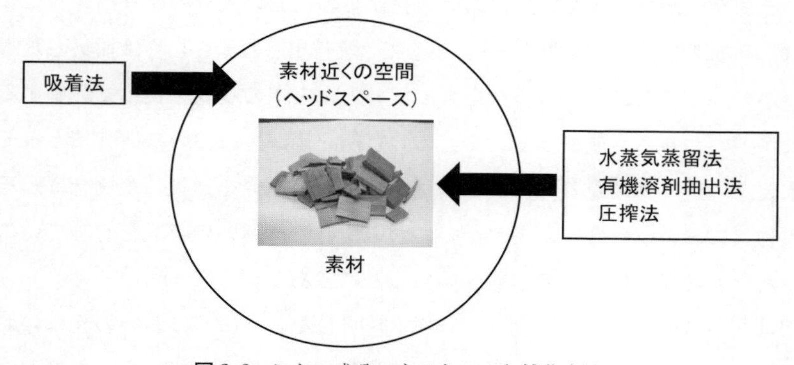

図 2.2　におい成分のあるところと捕集方法

て取り出したのち，同様に分析にかける。ただし，大気を分析する場合は，におい成分の濃度がきわめて低い場合が多く，高感度の分析法を用いることが求められる。

ヘッドスペースでも大気中でも，そこに存在するにおい分子は，におい素材などのにおいの元から発せられている。におい素材から直接におい成分を捕集すれば，ヘッドスペース法に比べてかなりの高濃度でにおい成分が捕集できる。そのような方法のうち，代表的なものは2種類ある。一つは有機溶剤抽出法，もう一つは水蒸気蒸留法である。そのほかにも，果物などのにおいを調べる場合では，圧搾法という方法もとられており，捕集対象に応じたいろいろな方法でにおい成分の取り出しが行われている。ここでは，基本的なにおい成分の捕集方法として，ヘッドスペース法，有機溶剤抽出法，水蒸気蒸留法について，それぞれが具体的にどのように行なわれているかを説明する。

〔1〕 ヘッドスペース法（ヘッドスペース香気を捕集する方法）

日常生活において，コーヒーや緑茶のパックを開けた瞬間に感じるにおいは，まさしくヘッドスペース香気である。しかし，パッケージを開けたままにしておくと，におい成分が拡散していってしまうので，におい分子を捕集する

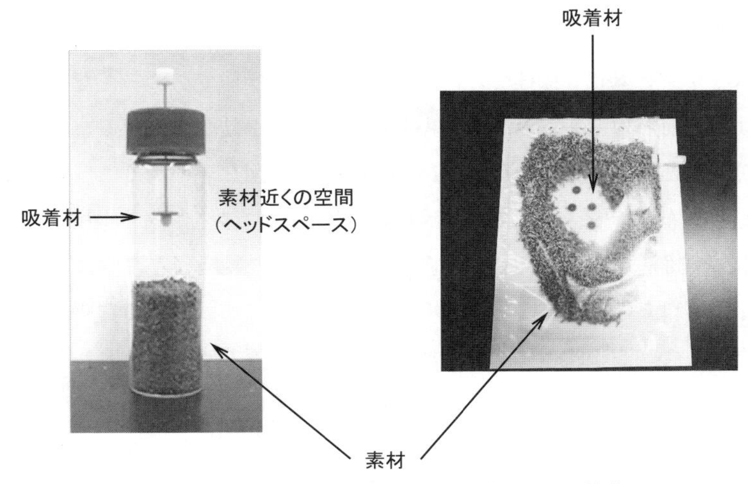

図2.3　ヘッドスペース香気成分の吸着法による捕集

のは難しくなってくる。ヘッドスペース香気を効率よく捕集するには，素材を閉ざされた空間に置くことが必要である。そこで**図 2.3** に示したように，素材を瓶やビニール袋に閉じ込め，同時ににおい吸着材も入れておく。そして，室温もしくは少し温めてより多くのにおい成分が揮発するような条件下におき，ヘッドスペース香気を捕集するのである。ここに示した例の場合では，吸着材ににおい成分が十分捕集されたのち，クロロホルムなどの有機物をよく溶かす溶媒を用いて吸着材からにおい成分を剥がしとったうえで，GC や NMR などの分析機器にかけることになる。

〔2〕 有機溶剤抽出法

1 章で述べたように，におい分子は基本的には親油性の性質を有している。したがって，ヘキサンのような親油性の有機溶剤で抽出するのが理にかなっている。もちろん，エタノールやクロロホルムなどの有機溶剤でも十分におい成分を抽出することはできる。しかし，これらの溶剤，特にエタノールは親水性の性質がかなりあるため，におい成分以外の親水性の成分も抽出されてしまう。また，クロロホルムは，さまざまな有機分子を溶かす性質があるため，におい成分以外の成分も抽出されてくる可能性がある。したがって，におい成分だけを選択的に抽出するために，可能な限り，ヘキサンなどの有機溶剤を用いたいところである。なお，実際のヘキサンによるにおい成分の抽出操作は，素材とヘキサンを混ぜて攪拌(かくはん)するだけのシンプルな操作である。ただし，におい素材は通常固形物であるため，ヘキサンによる抽出効率を上げるためにも，細かく粉砕した状態の素材を用いるのが望ましい。**図 2.4** の例では三角フラスコに素材とヘキサンを入れ，数時間から数日間かけて攪拌する（図の左側）。また，素材が柑橘類などであれば，皮の部分の粒状に見えるところににおい成分が多く含まれている。この皮を 1 センチ角ぐらいに切って図の右側のようにビーカーに入れ，ここにヘキサンを加えて，薬さじ等で皮を押し潰しながら混ぜることで，容易ににおい成分を抽出することができる。

ヘキサンでのにおい成分抽出を行うことによって，におい成分を含んだヘキサン抽出液が得られる。ここからさらに**図 2.5** に示したような工程で，ロータ

図 2.4　有機溶剤抽出法による素材からのにおい成分抽出

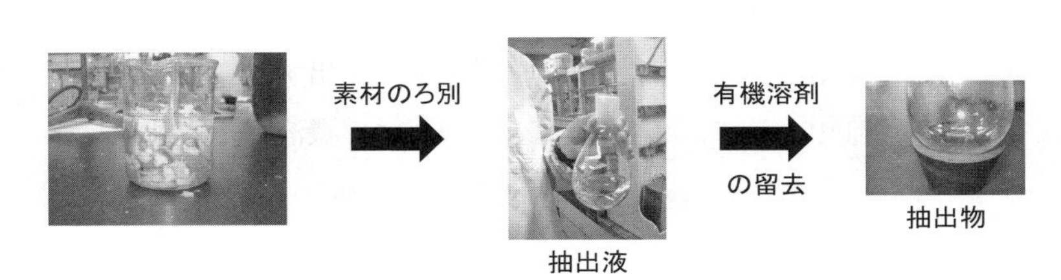

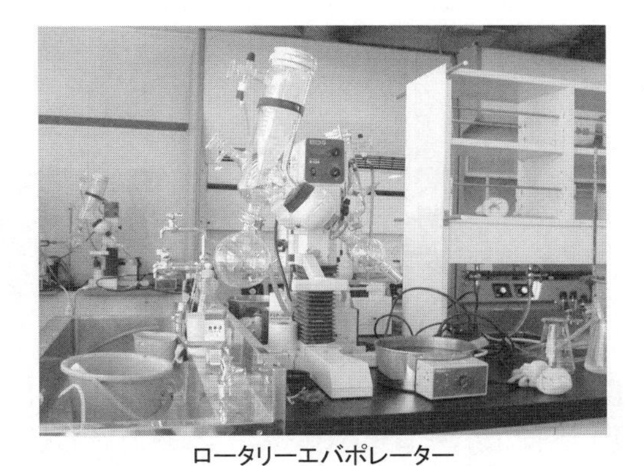

図 2.5　有機溶剤抽出液からのにおい成分抽出

リーエバポレーター（減圧下で溶媒を留去する装置）を用いてヘキサンを留去することで，におい成分を油状物質として得ることができる。ただし，有機溶剤抽出法では有機溶剤であるヘキサンを留去しなければならない。そのため，沸点の低いにおい成分は取り出すことができない。よって，そのような成分を対象とする場合は，ヘッドスペース法を用いることになる。また，この溶剤留去のプロセスがあるため，沸点の高い有機溶剤も用いることができない。ヘキサンの沸点は約 70 ℃と，におい素材に含まれている多くのにおい成分の沸点（約 150 ℃以上）よりもかなり低い。このため，ヘキサンの留去の過程でにおい成分が失われることが少なく，最適な有機溶剤であるといえるだろう。

〔3〕 水蒸気蒸留法

最後に，水蒸気蒸留法について説明する。これは文字どおり，水蒸気を利用した抽出方法である。先に述べた二つの方法と比較してかなり高温での抽出を行う方法であるため，低沸点のにおい成分の損失や含有成分の変質の可能性が最も高い方法でもある。にもかかわらず，多くの素材から精油を得るのに使われている。その理由としては 2 点あげることができる。一つ目は，人にまったく害のない水だけを使用した方法であるという点である。有機溶剤は，基本的に人体に有害な物質であり，したがって有機溶剤抽出法は，水蒸気蒸留法と比べて人に使う精油を作るのには不向きな方法である。二つ目は，操作が容易で

図 2.6　水蒸気蒸留法によるにおい成分の取り出し

あるうえに，多くの精油を得ることができる点である。さきほど述べた人体への害を考えた場合，ヘッドスペース法を用いることも一つの方法かもしれないが，ヘッドスペース法はもともと分析を念頭に置いた方法であって，水蒸気蒸留法ほどたくさんの精油を得ることができないのである。

実験室で用いられる水蒸気蒸留法の装置を**図 2.6** に示した。この方法では，におい成分を含んだ水が得られてくる。大量に抽出する場合であれば，水と精油とが自然に分離し，これを分液することで精油を得ることができる（工業的にはこのようにして精油を得る）。しかし，実験室での量が少ない抽出においては，明確な分離が得られることはまずない。そのため，多くは得られたにおい成分を含んだ水からヘキサン抽出によってにおい成分を取り出し，その後ロータリーエバポレーターによってヘキサンを留去することで精油を得ている。

2.2 におい素材のにおい成分の分析方法

2.2.1 ガスクロマトグラフィーを用いたにおい分析

におい素材から得られた抽出物（捕集物）の成分分析には，通常ガスクロマトグラフィー（GC）が使われる。この装置は，におい成分の分析以外にも広く利用されている。また検出には，一般に FID 検出器（flame ionization detector，水素炎イオン化検出器）が使われている。この FID 検出器に加えて，においの研究分野では，におい嗅ぎ装置（olfactometer）も検出に用いられる。GC 分析装置にこのにおい嗅ぎ装置を組みこんだもののことを GC-O と略し，においの研究分野における必須の装置となっている。**図 2.7** に示す装置が GC-O であり，点線の丸で囲んだところに，GC によって分離された各におい成分が噴出するようになっている。この噴出したにおいを実際に嗅いでみて，人の嗅覚でにおい成分を検出するというわけである。検出にはこれ以外にもさまざまな方法が考案されているが，においの研究ではこの GC-O に加えて，質量分析計（mass spectrometer）も使われる。質量分析計を用いることで，各ピークがどんな化合物によるものかを決めることができる。GC 分析装置に MS を組み

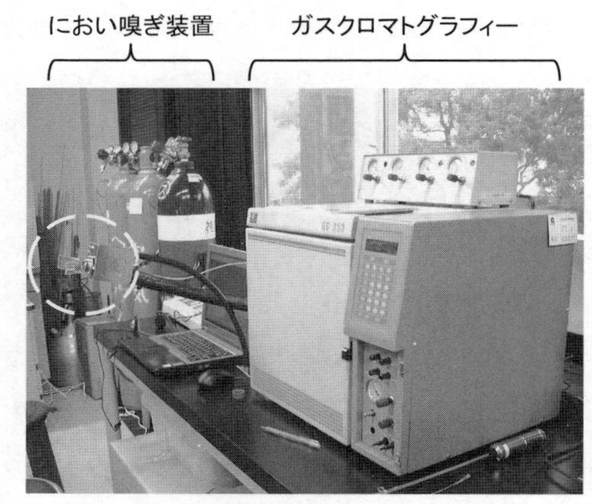

図 2.7　におい嗅ぎ装置つきガスクロマトグラフィー（GC-O）

込んだものは，GC-MS と略して呼ばれている。この分析法を用いたにおい成分の分析例については，のちほど述べる。

ここからは，中華料理の食材として知られているスターアニスの成分分析を例に GC-O の分析について説明する。スターアニスとはトウシキミという植物の実を乾燥させた香辛料であり，特徴的な形とかおりをもつ。このスターアニスについてヘッドスペース法（図 2.3 の左側で示した方法）を用いて得られた，ヘッドスペース補集物の GC-O チャートを**図 2.8** に示す。スターアニス精油の主要成分は，(*E*)-アネトール（anethole）と呼ばれる芳香環を有する化合物であり，そのにおいもアニス様と記載されている。これが，クロマトグラム（分析で得られたチャートのこと）で一番大きなピークを与えている成分である（このピークの相対的な大きさから，精油中の含有量が圧倒的に高いことがわかる）。その右側のピークは，*p*- アニスアルデヒド（anisaldehyde）である。GC-O を用いてこのピークを与えている成分のにおいを直接嗅いでみると，このピークの成分のにおいがシロップ様の甘いにおいであることがわかる。これ以外のにおい成分についても，各ピークについてにおいの有無と特徴を GC-O によって確認することができる。さらに，GC-MS によって，ここに示した二つの化合物以外の化合物の同定もなされる。このように GC では，抽出物に何

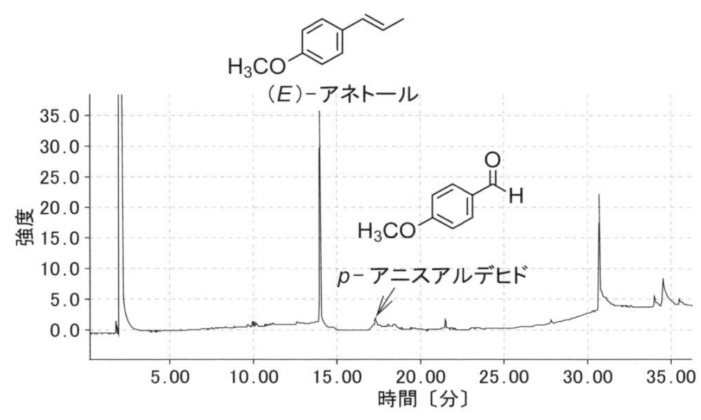

図 2.8　スターアニスのヘッドスペース捕集物の GC-O チャート

種類の成分が含まれているかを知ることができるほか，各ピークの面積比によって含有成分の含有比に関する情報も得られる。この方法で得られた含有比は厳密には正確ではないが，傾向を知るには十分であるので，論文での含有量を示すのに使われている。なお，正確な含有比を求めるには，検量線を求めるなどの別途の検討が必要になる。

つぎに，このスターアニスについてヘキサン抽出法と水蒸気蒸留法で得られた GC-O チャートを**図 2.9** および**図 2.10** に示した。これらを観察してわかるように，主要な二つの成分の含有比が図 2.8 のそれと明確に異なっている。さらに，それ以外の成分についても異なっていることがわかる。つまり，これら

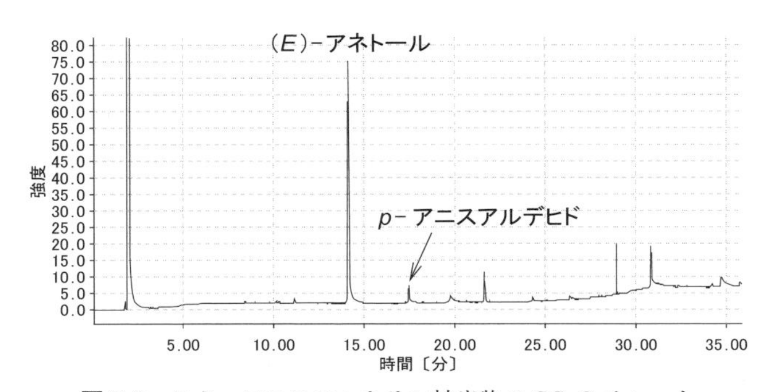

図 2.9　スターアニスのヘキサン抽出物の GC-O チャート

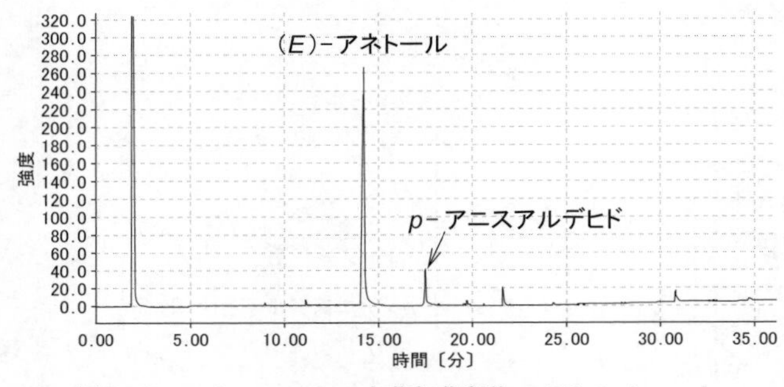

図 2.10　スターアニスの水蒸気蒸留物の GC-O チャート

3 種類の抽出物において，特にこの二つの含有成分の構成が異なっていることを示している。一方，官能評価によってもこれら 3 種類の抽出物のにおいが異なっていることが認められる。これらのデータから，実際に嗅いだときのにおいの違いと含有成分の違いとを関連づけることができる。

2.2.2　核磁気共鳴法を用いたにおい分析

前節での GC-O 分析に用いたスターアニスの 3 種類のにおい捕集物についての ^{1}H NMR 分析によって得られたスペクトルのチャートを，**図 2.11～2.13** に示す。

これら 3 種類の ^{1}H NMR チャートを眺めてみれば，一目瞭然，吸収の位置と

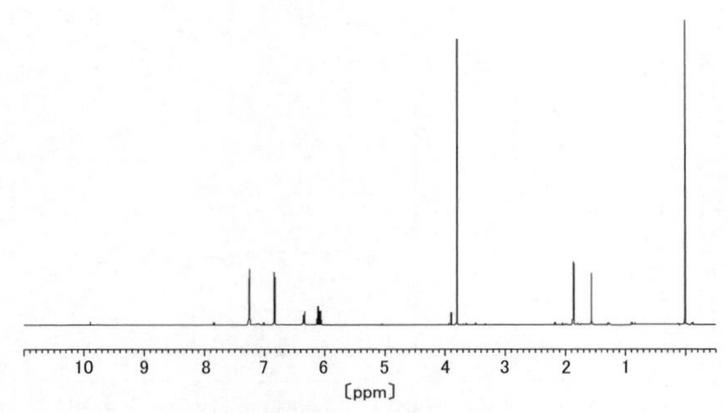

図 2.11　スターアニスのヘッドスペース捕集物の ^{1}H NMR スペクトルのチャート（500 MHz，$CDCl_3$）

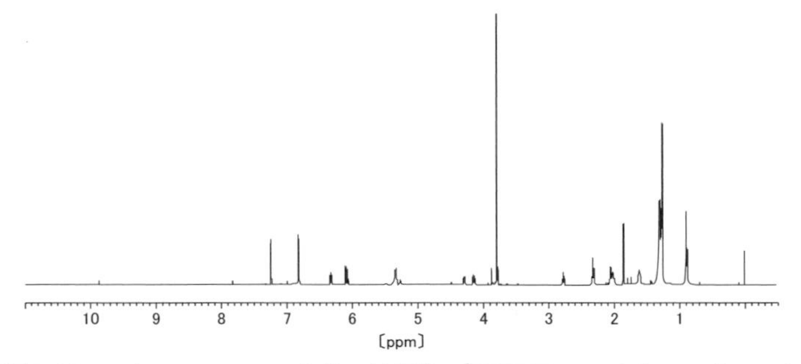

図 2.12　スターアニスのヘキサン抽出物の^{1}H NMR スペクトルのチャート（500 MHz，$CDCl_3$）

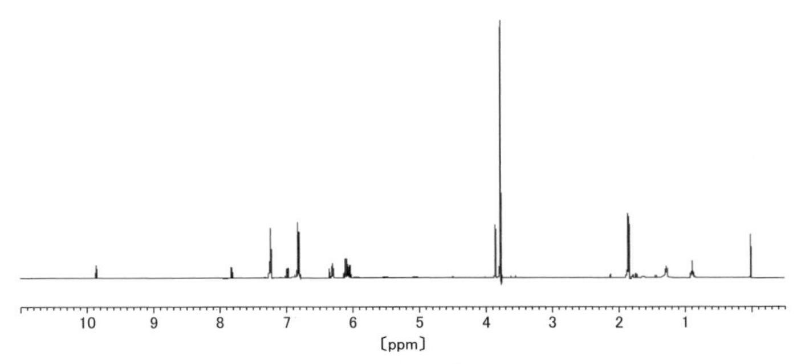

図 2.13　スターアニスの水蒸気蒸留物の^{1}H NMR スペクトルのチャート（500 MHz，$CDCl_3$）

形が非常に類似していることがわかる。さらに，詳細に観察することで，1 種類の化合物が捕集物に含まれている全成分のうちの大半を占めていることがわかる。この結果はさきの GC-O の分析結果に一致する。また，スペクトルの詳細な解析によって，主成分が（*E*）-アネトールであることが推定される。この化合物は既知であるので，そのスペクトルのチャートは入手可能である（**図 2.14**）。入手したチャートと図 2.11 から 2.13 の 3 種類のチャートを比較することで，明らかに（*E*）-アネトールの含有を決定することができる。

さらに，図 2.11～2.13 のチャートをよく見ると（*E*）-アネトール以外の吸収が観測される。特に図 2.13 では，10 ppm 付近にはっきりと吸収が認められる。この吸収は，アルデヒドのプロトンに基づく吸収である。つまり，抽出物

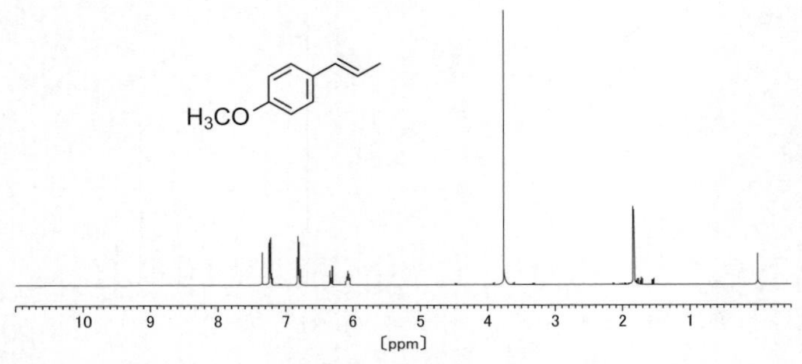

図 2.14　(*E*)-アネトールの^{1}H NMR スペクトルのチャート (500 MHz，CDCl$_3$)

にアルデヒド化合物が含まれていることを示している。ここで，スターアニスの精油には *p*- アニスアルデヒドも含まれていることが報告されており，先ほどの GC-MS の結果からもこのことが支持される。*p*- アニスアルデヒドも既知化合物であるので，そのチャートを調べることができる。**図 2.15** にそのチャートを示したが，7，8 ppm 付近に吸収が存在することから，3 種類の抽出物にこの化合物が含まれていることが読みとれる。

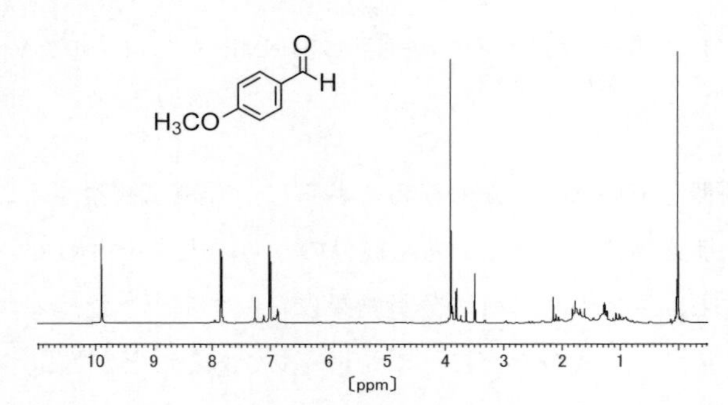

図 2.15　*p*- アニスアルデヒドの^{1}H NMR スペクトルのチャート (500 MHz，CDCl$_3$)

また，同じことは^{13}C NMR スペクトルによっても確認することができる。**図 2.16** にスターアニスのヘキサン抽出物の^{13}C NMR スペクトルのチャートを示した。さらに**図 2.17** には (*E*)-アネトールのチャート，**図 2.18** には *p*- アニスアルデヒドのチャートを示した。アルデヒド体については，含有量が低いた

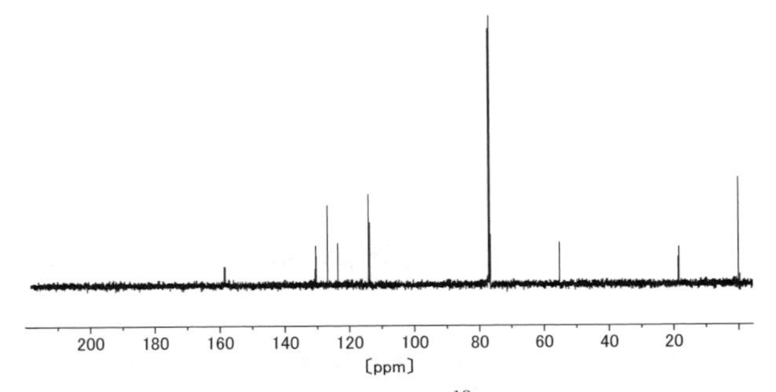

図 2.16　スターアニスのヘキサン抽出物の^{13}C NMR スペクトルのチャート（125 MHz，$CDCl_3$）

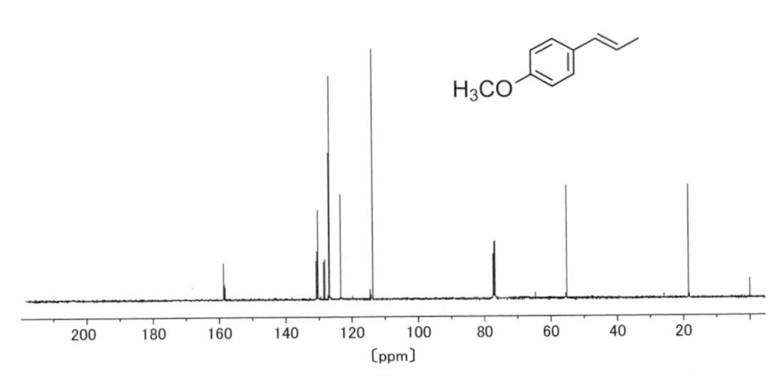

図 2.17　(*E*)-アネトールの^{13}C NMR スペクトルのチャート（125 MHz，$CDCl_3$）

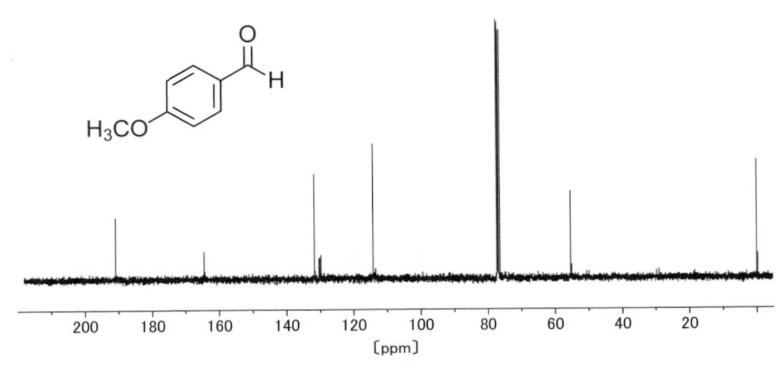

図 2.18　*p*-アニスアルデヒドの^{13}C NMR スペクトルのチャート（125 MHz，$CDCl_3$）

め^{13}C NMR スペクトルでの吸収が小さくなってしまっている。そのため，スペクトルを拡大してよく観察する必要がある。しかしそれでも，^{1}H NMR の解析からその存在がすでに推定されていることで，その観察も容易になる。

2.3　官能評価の基礎

2.3.1　におい素材の研究における官能評価とは

人は，自分のまわりにある情報を得るために五つの感覚をもっている。これは五感といわれるもので，触覚，聴覚，視覚，味覚そして嗅覚である（**図 2.19**）。このうち嗅覚については，いまだに機器による定量化が達成されていない。その原因は，においを感じる仕組み（嗅覚メカニズム）が複雑であることによる。そのため，においの研究においては，官能評価がほかの五感にもまして重要になっている。なお，嗅覚メカニズムについてはつぎの章で詳しく説明する。

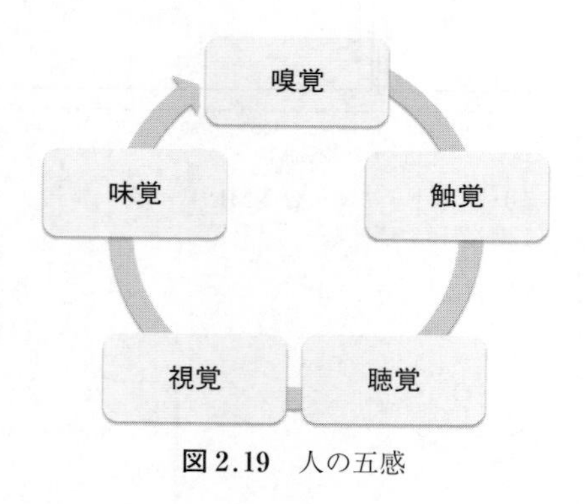

図 2.19　人の五感

においの官能評価において問題となることは，個人差である。その人がこれまでに経験してきたことや，どのような環境で生活してきたかなど，さまざまな人生経験がにおいの認知に大きく関わってくる。また，人種や性別，年齢によっても認知は異なってくる。人に関するありとあらゆる要素が，においを認識することに結びついているのである。一方で，このような問題が存在する中においても，多くの人にとって共通の認識になりうる官能評価は必要とされている。

では，それを行うためにはどうしたらいいのか。まずは，官能評価をする人（評価者）をどのように選出するかによって評価の仕方を変えることが一つの手段になる。評価者については，以下の二つに分けて考えることができる。

（ケースA）訓練された人たち
（ケースB）訓練されていない一般人

（ケースA）について考えると，一口に訓練された人たちといってもレベルの違いがある。ここでは，常識的に考えて，においの評価に専門的に関わっている人ということになるだろう。具体的には，香料，化粧品，食品，飲料などの香気評価に携わっている人ということである。ただし，これらの人たちどうしでも，関わっているにおい素材が異なっているともち合わせている経験値が異なってくるため，すべてのにおいについて評価ができると考えるのは難しい。つまるところ，彼らはあくまでそれぞれの分野での香気評価のスペシャリストというわけである。一方（ケースB）の場合は，（ケースA）に比べて個人差がかなりあると見ていい。そこで，どのような一般人の集団を選ぶかを考えなくてはならない。具体的には，20〜30才の男性のみを選出する，などが考えられる。さらに，その集団のうちある程度の人数の人たちで官能評価を行って統計学的な処理を施し，その評価の信頼性を測る必要がある。

それでは，通常の研究活動（訓練された人たちが必ずしもいない場合）において，誰もが同じような評価結果が出るようにするにはどうしたらいいのか。このために念頭に置くべき点を以下に記載する。

① 絶対的な評価は行わない。つまり，素材のにおいの特徴（甘いとかすがすがしいとかいったこと）についての官能評価は，参考までとし，におい研究の実験結果の考察には使わない。官能評価は，においに関する産業界では最も重要な評価であるにもかかわらず，である。先ほど述べたように

この評価には，その分野での訓練が必要になるからである。

② 上記のことを行わないとなると，いったいどのような官能評価を行うのか。それは，二者択一における相対評価にするのである。例えば，Aというにおい素材があって，それに対してBという捕集物とCという捕集物があった場合，BとCのどちらのほうがAのにおいに似ているかの評価だけ行うということである。要するに差だけを見るわけである。

③ 上記の方針をとるためには，もう一つ重要なことがある。それは，研究対象のにおい素材やにおい分子の，においの違いがあいまいな系についての検討は行わないということである。極端な系，つまりよく似ているか明確に違っているかがはっきりしている系のみを選んで検討する。あいまいな系については，この極端な系について得られた結果から，論理的に導き出すようにする。

4章と5章に記述した具体的な研究例は，以上述べたことを念頭に置いて検討した結果得られたものである。

2.3.2 におい素材の研究における官能評価の方法

官能評価の方法については，さまざまな方法が提案されている。ここでは，最もシンプルな官能評価について説明する。

まず，どのような手順で官能評価を行うのかを以下にまとめた。

1. 素材とその抽出物についてにおいの特徴を表す言葉を選び出す。
2. 選んだ言葉を使って，あらかじめ用意したシートに従ってそれぞれの香気評価を行う。また，相互の類似性についても香気評価する。
3. 得られた結果をまとめてグラフに表す。
4. 得られたグラフを用いてにおいの特徴について検討する。

官能評価の最初のステップは，官能評価する対象物のにおいの特徴を表すのに適切な言葉の選択である。そして，言葉を選ぶうえで重要なことは，選んだ言葉について評価者全員が共通の認識をもっている必要があるということである。これが意外と難しい。甘い，爽快，ウッディといった言葉をとってみても，

官能評価

実施日時　　年　月　日　　時　分～　時　分　　天気

氏名

試料名：

木片との類似性	似ている					似ていない	
	6	5	4	3	2	1	
ヘキサン抽出物との類似性	似ている					似ていない	
	6	5	4	3	2	1	
水蒸気蒸留物との類似性	似ている					似ていない	
	6	5	4	3	2	1	
かおりの強さ	強い					弱い	
	6	5	4	3	2	1	
甘み	強い					弱い	ない
	6	5	4	3	2	1	0
上品さ	強い					弱い	ない
	6	5	4	3	2	1	0

図 2.20　においの官能評価のための評価シートの例

人によってその言葉のもつ意味合いが違う。その違いが官能評価の違いとなって表れてくるのである。したがって，においを表す言葉を選ぶときは，できるだけ具体的なものにしたほうがいい。例えば，パイナップルのような甘いにおい，とすることでもかなり違ってくる。ただし，先ほど述べたにおい素材のにおいの特徴についての評価のように，参考程度に留めてあえて踏み込まないという方針であれば，言葉選びをする必要はなくなる。ある基準における，素材のにおいの差について評価すればいいだけだからである。

言葉選びのあとに行うのは，さきほどの手順の 2. にあるような評価シートの作成と，そのシートに従った評価である。評価シートの例を**図 2.20** に示した。このシートではにおいを六つの項目について 6 段階で評価するようになっている。一つ目の項目である木片との類似性については，かりに二つの抽出物 A，B についてにおいの類似性の評価を行う場合，まず A と B のどちらのほうが類似しているかを評価する。そして，A のほうが類似している場合はその類似度を 6 段階のいくつに当たるか評価し，この A の評価に対して B の類似度がどのくらいなのかの評価をする。あとは，それ以外の項目，例えば甘みについても同じような方法をとって評価をしていく。

以上の手順で得られた評価の結果をまとめて，最終的には，**図 2.21** や**図 2.22** のように何らかのグラフの形で表す。こうすることで，定性的な官能評価をわかりやすく表現することができる。

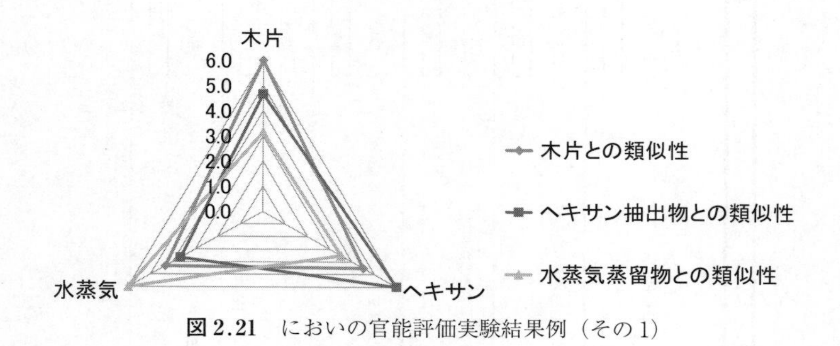

図 2.21　においの官能評価実験結果例（その 1）

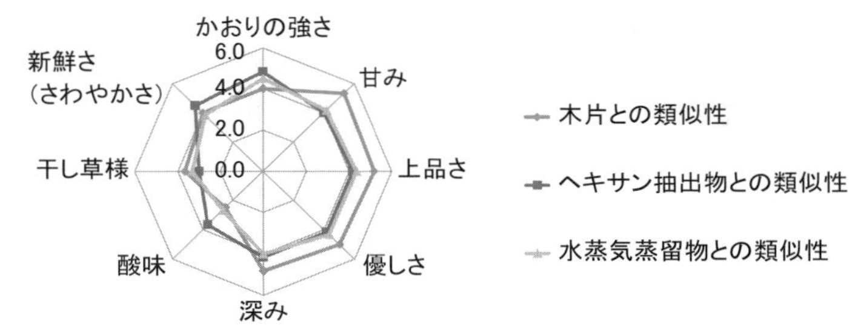

図 2.22　においの官能評価実験結果例（その 2）

2.3.3　官能評価とにおい成分分析の連携

目的とするにおい素材のにおいの特徴を明らかにするには，これまでに述べた官能評価とにおい成分分析の両方のデータが必要であり，官能評価の結果から成分分析結果を検討する。そのうえで，さらなる官能評価が必要であれば，それを行う。または，成分分析結果から，どのような官能評価が必要なのかを考え，それに基づいて新たな官能評価を行う。このように，官能評価とにおい成分分析の結果を相互に関係させながら検討を行うことが，におい特性の解明にとって重要である。**図 2.23** に官能評価とにおい成分分析の関係を示す。

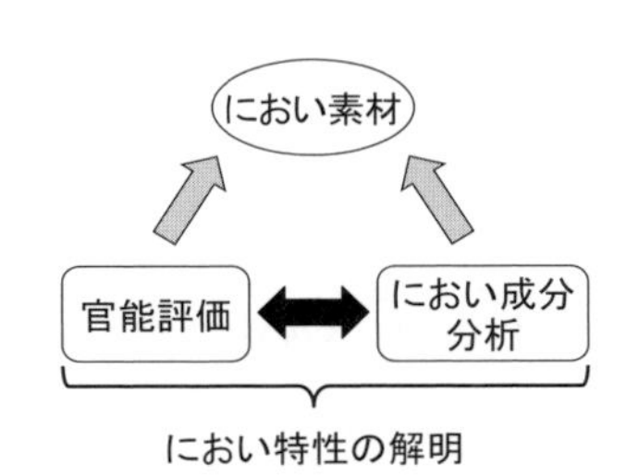

図 2.23　におい研究における官能評価とにおい成分分析の関係

コラム3

いいにおいと嫌なにおいが同時に漂ってきたら，人はどちらのにおいを感じるのか

人があるにおいを認知する場合，それぞれのにおい分子によって認知するのに必要な最小限度の濃度，つまり最低濃度に違いがある。この最低濃度のことを嗅覚閾値（いきち，しきいち）という。一般に，人はいいにおいよりも嫌なにおいのほうが低い濃度で認知することができる。そして，同じ濃度ならば嫌なにおいのほうがより強く感じられる。実際に皆さんも実感していることだと思う…人が臭いにおいに対して敏感であることを。

例えば，腐った玉ねぎのにおいの原因となっているにおい分子，メチルメルカプタン CH_3SH のにおいは，エタノール C_2H_5OH の約 10 000 倍も敏感に認知することができる。つまり，約 1/10 000 という少ない濃度でも認知することができるのである。なぜ，こんなにも認知できる濃度に違いがあるのか。それは，嗅覚の重要な役割の一つである，危険回避のためであると考えられている。メチルメルカプタンは，チーズなどのかおりに関係している。このようなにおい分子は，ごく微量であれば，必ずしも有害とはいえない。しかしある濃度以上では，人にとって有毒な物質となりうる。つまり，「嫌なにおい」イコール「人にとって危険な物質のにおい」ということである。これは，人が生きていくために必要な能力だといえる。その他，生臭い魚のにおいの原因であるメチルアミンも，嫌なにおいの原因となるにおい分子として代表的なものである。ここに示したようなメルカプタン類（SH を有する化合物）やアミン類（NH_2を有する化合物）などは，人にとって嫌なにおいを有する化合物であるといえる（**図**）。

一方，いいにおいの代表といえばエタノール（ただし人によっては不快なにおいかもしれない。このようなことがにおいの世界の難しいところである）があり，これはお酒のかおりのベースとなるものである。また果実臭のする分子として代表的なものが酢酸ブチルである。エステル類と呼ばれる化合物であるが，非常に好ましいにおいがする。ただし，このエステ

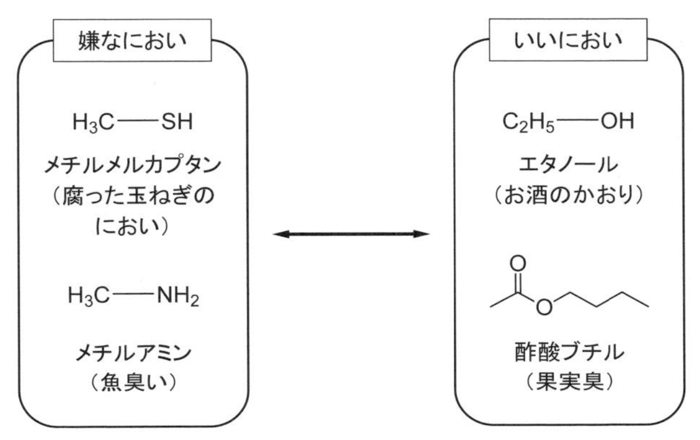

図　嫌なにおいといいにおいの原因物質の例

ル類の一つに酢酸エチルエステル $CH_3COOC_2H_5$ という物質があるが，この化合物のにおいはいいにおいといい難い。酢酸ブチルに比べて炭素の数が二つ少ないだけのきわめて似た形をしているが，そのにおいはまったく違っている。このような物質の構造とにおいの関係については，5章で詳しく説明しているので参考にしてほしい。

ところで，さきほど嫌なにおいの物質の例としてあげたメチルメルカプタンだが，その特徴的なにおいの存在が日常生活において非常に役に立っている。われわれが炊事や風呂を沸かす際に使っているガスが漏れ出したとき，よく「ガス臭い」という表現が用いられる。ではガスそのものににおいはあるのだろうか。答えはノーである。天然ガスや液化石油ガスの主成分は，メタン，エタン，プロパンといった無臭の気体である。では，なぜこのようなガスににおいが存在するのか。じつは，これは人の手によって付与されたにおいである。ガスが漏れるとたいへん危険であるため，ごくわずかでも漏れればすぐにそれとわかるように，わざとガスに嫌なにおいをつけているのである。メルカプタン類は，そのにおいの元になる物質の一つとして用いられている。嫌なにおいは不快なものだが，一方で人の命を守るための役割も果たしているのである。

コラム4

海のにおいと山のにおい

日本はまわりを海に囲まれ，また多くの森林を有する緑豊かな土地である。したがって多くの日本人は，「山のにおいとは？」と聞かれたら，「ああ，あの森林のすがすがしいにおいのことだね。森林に行くと気持ちがいいよね」などといえるのではないだろうか。また，「海のにおいとは？」と聞かれたら，「あの磯のにおいだよね。おいしい魚が食べたくなるね」とかイメージするのではないだろうか。しかし世界には，一生海を見ることがない人々もいるし，一生山林を歩くようなことがない人々もいる（もちろん，日本にもそのような人はいるかもしれないが）。そしてそういう人たちは，「山のにおい」とか「海のにおい」といわれても，ピンとこないであろう。

例えば，ここに「海のにおい」がする砂をもってきたとする（**図**）。それを「海のにおい」がどういうものなのかまったくわからない人に嗅いでもらっても，何のにおいなのか表現することはできないと考えられる。もち

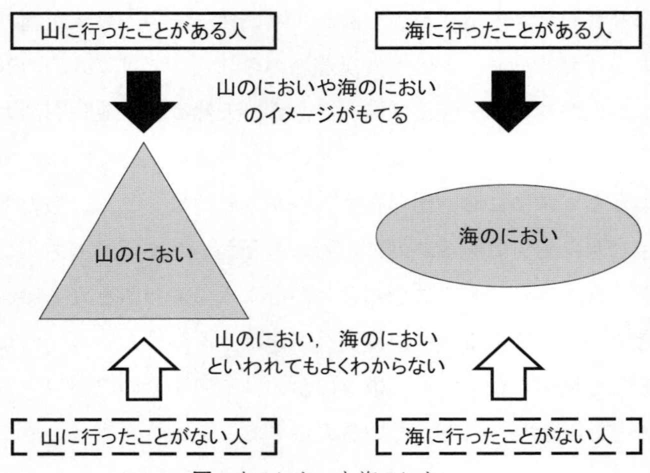

図　山のにおいと海のにおい

ろんその人も，「海のにおい」を知っている人と同じにおいを感じてはいるだろう。しかし，それが何なのかを判断するためのデータをもち合わせていないため，それが「海のにおい」だと判断することができないのである。においの認知は，まずにおい分子が鼻にあるにおい受容体に認知されることから始まる。その認知が信号として脳に伝わり，脳に記憶されているデータベースと照合して一致するものを見つけることで，初めてそれが何のにおいであるのかが判断されるのである。したがって，その人のデータベースに存在しないにおいを言葉で表現するのはきわめて難しい。

もう一つ，例をあげて説明しよう。あなたは，オレンジのにおいがどんなものかわかるだろうか？　「そんなのわかるに決まっている」と思ったかもしれないが，本当にそうだろうか。もしあなたが，いままでにオレンジをまったく見たことも食べたこともないとすればどうだろうか。ミカンを食べたことがあれば，ミカンのようなにおいということもできるかもしれない。ならば，柑橘類というものを見たことも食べたことも一切無ければどうだろうか。なにか甘くていいにおいがする，としか表現できないのではないかと思う。ここで説明したことは，嗅覚でさまざまな食品などのにおいを評価する，人の官能評価の正確さに大きく関係している。ワインのソムリエが普段なじみのないパンのにおいの評価ができるかというと，ある程度はできるかもしれないが，やはりパン職人のそれには及ばないと考えられる。人によるにおいの評価とは，それだけ難しいものなのである。

3 章
においを感じる仕組み（嗅覚メカニズム）に基づいたにおい素材のにおい解析

人のにおいを感じる仕組み（嗅覚メカニズム）は非常に複雑であり，それゆえに微妙なにおいの違いをとらえることができる。一方，人のにおい受容体は約400種類しかない。にもかかわらず，人は膨大な数のにおいを区別することができる。その理由の一つは，嗅覚メカニズムの重要な要素である，におい分子の形に起因したにおいの認知である。したがって，嗅覚メカニズムを理解することが，におい素材のにおい解析にとって重要なことになる。本章では，人の複雑な嗅覚メカニズムと，におい素材から発せられる複合臭との関係について説明する。

3.1　においを感じる仕組み

3.1.1　においを感じるとは

1章の初めで述べたように，人がにおいを感じるためには，においの元であるにおい分子の存在が不可欠である。そしてこのにおい分子を，鼻にあるにおい受容体が感知する。例えば，リモネンというにおい分子とにおい受容体との相互作用（ステップA）が，脳に伝わることで（ステップB），はじめて「柑橘類のにおいがする」と認識される（**図3.1**）。このにおいを感じる仕組み（嗅覚メカニズム）は非常に複雑であり，その複雑さの大きな要因の一つが，最初のステップAにおけるにおい分子とにおい受容体との関係にある。

人は821個の嗅覚受容体遺伝子をもっているが，そのうち実際に機能している遺伝子は396個である。つまり，人のにおい受容体の種類は396ということになる。一つの嗅覚細胞には，複数の同じ種類のにおい受容体からの信号が集められる。そして，いくつかのにおい受容体のパターン情報が集まり，におい

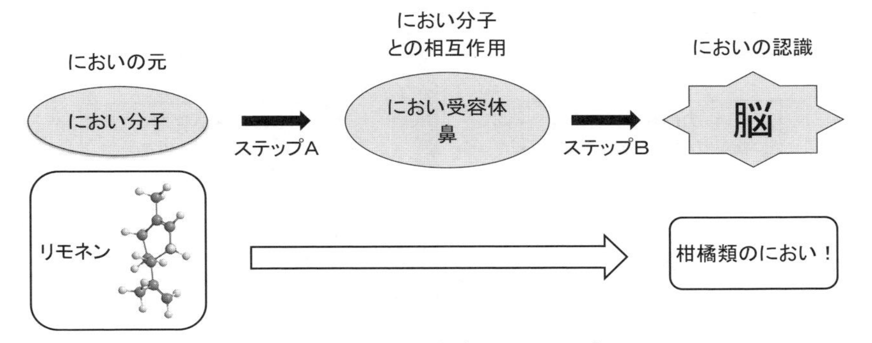

図 3.1　人がにおいを感じるメカニズム

を感じるようになるのである。ところで，一つのにおい分子を認識するのに一種類のにおい受容体だけが使われるかというとそうではない。**図 3.2** に模式的に示したように，実際には一つのにおい分子を 1 種類のにおい受容体だけではなく，複数の種類のにおい受容体で認識する。図の例では 6 種類のにおい受容体が関与しているが，実際には関与する受容体の数はまちまちであり，におい分子の種類によって異なる。

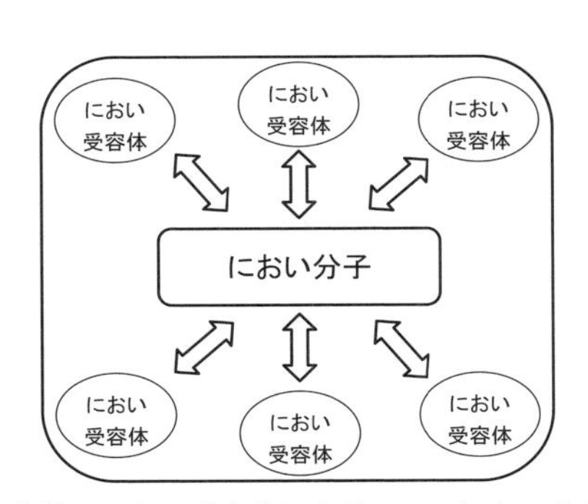

図 3.2　複数のにおい受容体による一つのにおい分子の認知

一方で，におい受容体も複数のにおい分子に応答する。すると，**図 3.3** に示したようなことが起こる。構造の類似したにおい分子が共存した場合，すでに一つのにおい分子を認識しているにおい受容体のうちのいくつかが，その分子と構造の類似した別のにおい分子に応答することが起こりうる。そして，もし

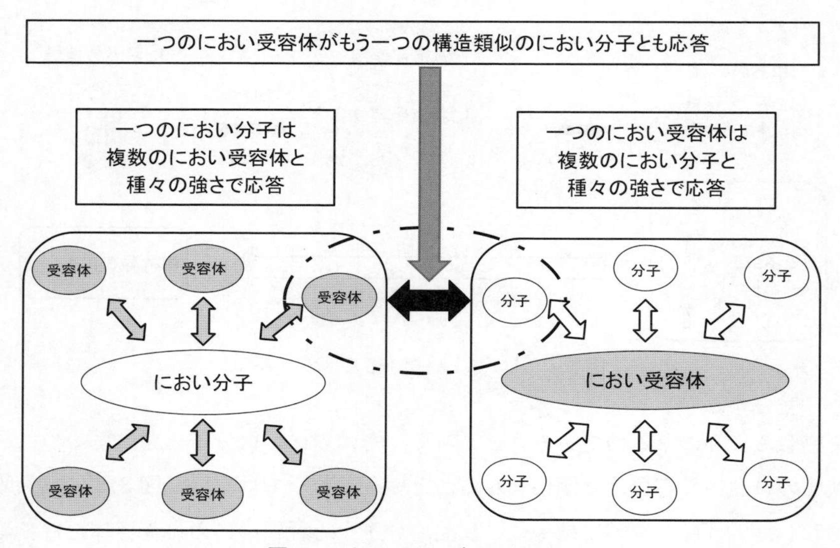

図 3.3　人のにおい受容の仕組み

もう一つのにおい受容体に対する応答のほうが強いのであれば，そのにおい受容体はそちらの受容に使われてしまう。結果として，におい分子の受容に使われていた受容体のうち一つが欠けてしまうことになる。そうなると，そのにおい分子が存在するにもかかわらず，脳に伝えられる信号は本来のそれとは異なったものになる。つまり，においが変化したことになってしまうのである。たいへん大雑把な説明ではあるが，このように人のにおいの受容の仕組みは複雑であり，そこに存在するにおい分子の種類などによってにおいの認知は大きく変わってくる。

3.1.2　多くのにおい成分からなる複合臭の特徴

ここからは，前項で説明したにおい分子の受容の仕組みの複雑さがもたらすにおいの変化について，具体例をあげて説明する。いまここに，花のかおりの成分であるリナロールとゲラニオール，そしてハッカのかおりの主成分であるメントールが共存していたとする。まずは，ゲラニオールとメントールの二つについて考えよう。1章で説明したように，ゲラニオールとメントールの分子の形は明確に異なっており，それぞれの分子は，図3.2に示したように複数の種類のにおい受容体によって認識されている。両分子の形が異なっているということは，すなわち認識に使われているにおい受容体の種類が異なっているということである。つまり，図3.3で示したような二つのにおい分子間での同一受容体との応答の可能性は存在しないと考えることができ，この両分子が共存した場合，そのにおいは二つのにおいを足し合わせたものということになる(**図3.4**)。一方，リナロールとゲラニオールの場合はどうなるか。これらの分子の構造は類似していることから，図3.3に示したようなにおい受容体の掛けもちが起こりうることになる。よって，その結果として生じるにおいは，二つのにおいの単純な足し算にはならない（**図3.5**)。

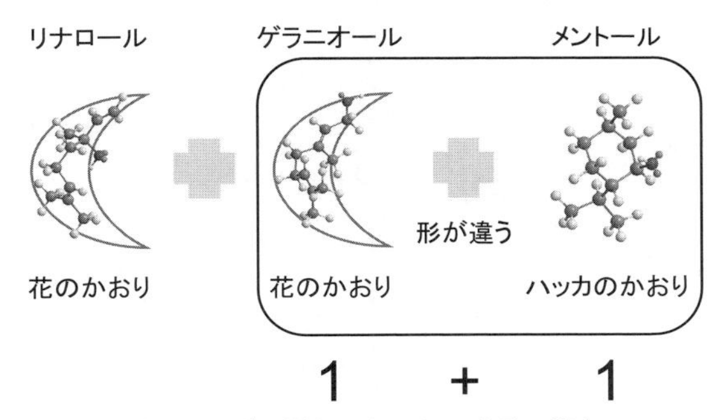

図3.4　形の異なったにおい分子の混合

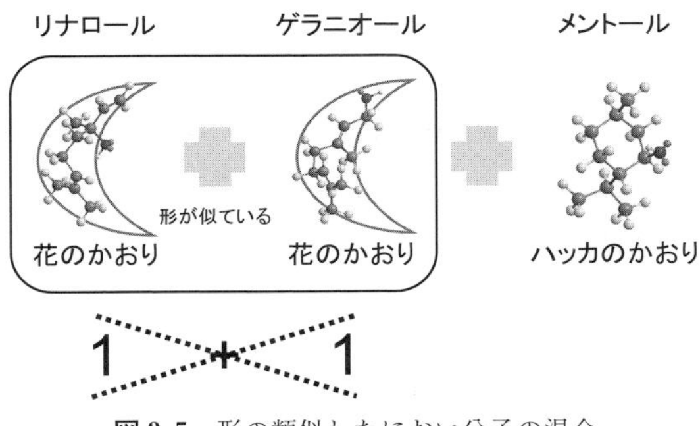

図3.5　形の類似したにおい分子の混合

以上述べたことをもとに，実際のにおい素材のにおいについて考えてみる。バラやレモンなどのにおいは，通常数十種類以上のにおい成分によって構成されている。これらは複合臭と呼ばれるものであり，多くの場合構造の類似したにおい分子がいくつも含まれている。そうなると，そうした成分の間では，におい受容体の掛けもちがあちこちで起こりうることになる。つまり，構造が類似した分子群においては，**図 3.6** に示すような，におい受容体を介したにおい分子間のネットワークが形成される。このようなネットワークによって，におい素材のにおいが作られていると考えることができる。

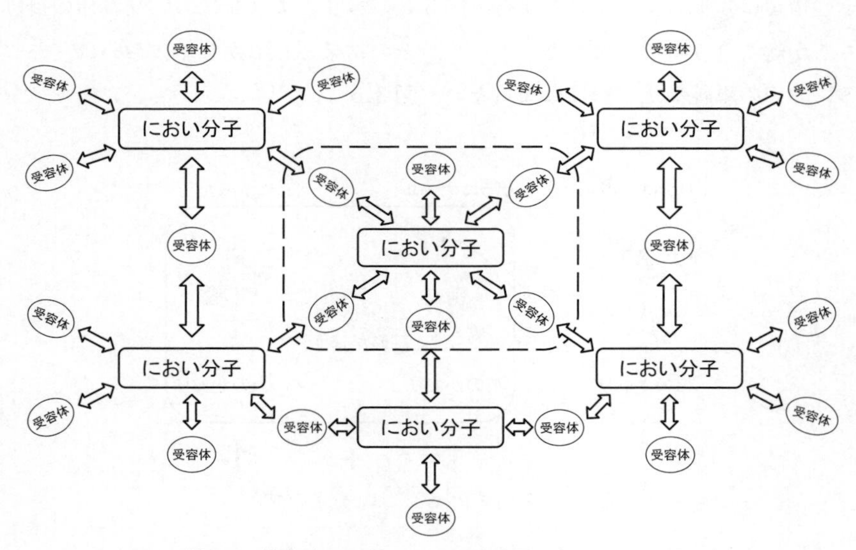

図 3.6　複合臭におけるにおい分子間のネットワーク

これまでにも，さまざまなにおい素材のにおい成分の分析がなされ，その含有成分が明らかにされてきた。しかし，その特徴的なにおいの原因となる含有成分を探しても，見つけられないことが多い。その理由は，そもそもそのような成分は存在せず，このようなにおい分子とにおい受容体との間に存在する分子レベルでの相互作用（ネットワーク）がにおいの特徴を生み出しているためであると考えることができる。これについてはこのあとの 4 章で，具体的な研究例によって詳しく説明する。

3.1.3　複合臭をどう解析するか

これまで述べてきたように，複合臭は多くのにおい分子から構成されている。そして，多くのにおい分子とそれらから生み出される素材のにおいとを対応させるには，においを構成しているにおい分子どうしの構造の類似性を調べることが重要になる。この点について以下詳しく説明する。

図 3.7 に示したように，たくさんのにおい分子それぞれを，そのにおいと構造に着目することで二つのケースに分けてとらえることができる。ケース 1 の，におい分子のにおいが類似している場合は，「におい受容体がそれらの分子の構造が類似していると認識した」と考えられる。このケース 1 では，それらのにおい分子は，類似のにおい受容体グループに属していると推定される。つまり，同じような受容体群の組み合わせでそれぞれの分子のにおいを認識しているので，においが類似していると考えるわけである。ただし，ケース 1 のような関係の分子が共存した場合，におい分子どうしの相互作用を生じる（図 3.3）ため，結果として感じるのはすべてのにおい成分のにおいの足し算ではな

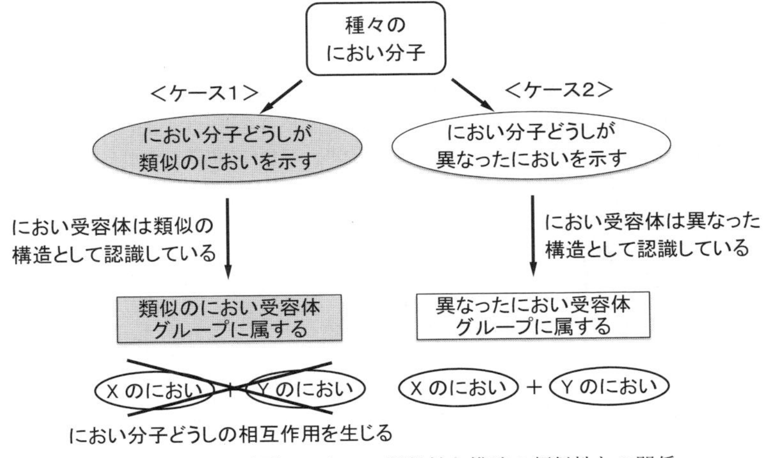

図 3.7　におい分子のにおいの類似性と構造の類似性との関係

く，これらにおい成分群全体が作り出したにおいと考えなければならない。一方，ケース2のようににおい分子どうしが異なったにおいを有する場合は，それぞれのにおい分子は異なったにおい受容体群に属すると考える。このケース2では，におい受容体の掛けもちはないとみなす。

以上をまとめると，多くのにおい分子が共存した場合に，におい分子を受容体が判断した構造類似性で分けて考えることは，**図3.8**に示したような二つのにおい分子グループに分類することに等しい。構造類似のにおい分子からなるグループの場合は，におい分子どうしが相互に影響しあっている。そのため，素材のにおいへの影響を考える場合，個々のにおい分子で考えるのではなく，類似した構造のにおい分子を一つのまとまりとしてとらえ，そのグループが作り出すにおいが素材のにおいに寄与していると考える。一方，構造が異なる場合には相互に影響しあわないので，単純にそれらにおい分子のにおいをすべて足し合わせたものがそのグループのにおいとなる。

構造類似のにおい分子からなるグループ

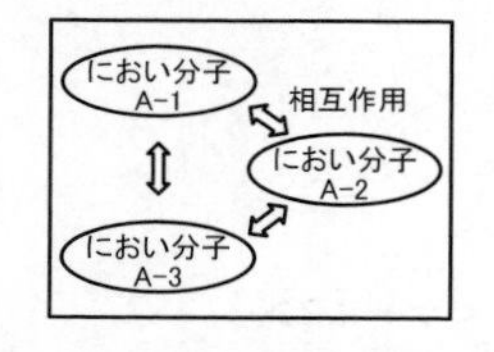

におい分子間の相互作用によって
グループ全体のにおいが作られている

構造の異なるにおい分子からなるグループ

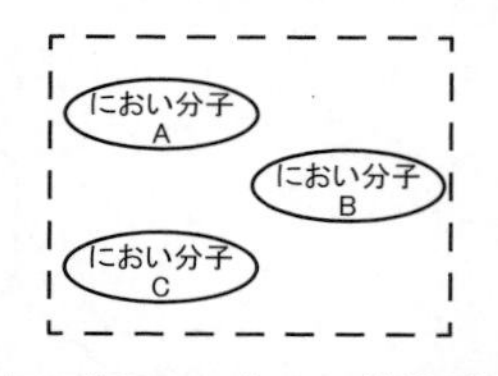

個々のにおい分子のにおいの特徴が合わさって
グループ全体のにおいが作られている

図3.8　におい分子の構造の類似性とそれらが作るにおい分子グループのにおいとの関係

ただし，実際ににおい素材のにおい特性の検討を行う際は，図3.8の考え方をもとに，「構造の異なるにおい分子からなるグループ」に分類されると考えられるにおい分子についても，その分子と構造が類似したにおい分子の存在を考えなければならない。いかに「構造の異なるにおい分子からなるグループ」といえど，におい素材のにおいを構成する成分は非常に多く，その成分中には構造が異なる分子だけでなく，たがいに構造が似た分子が存在することは十分にありえるからである。

このことも考慮すると，複合臭は，**図3.9**のようにとらえる必要がある。におい分子グループAに属するにおい分子A-1，A-2，A-3は，相互に構造が類似していることからたがいに影響し合うため，個々の分子とは考えずに一つのグループとして扱う。同じように，グループBおよびCに属するにおい分子どうしもたがいに影響し合っているため，これらも個別に考えずにグループとして扱う。ならば，グループAとグループBの関係はどう考えるか。グループAに属する分子とグループBに属する分子は構造が異なる。つまり図3.8の「構造の異なるにおい分子からなるグループ」に含まれる個々のにおい分子を，「構造類似のにおい分子からなるグループ」とみなしたことに相当する。このように，におい分子どうしの相互作用を考慮するということは，複合臭というものを図3.9のような，「におい分子間のネットワーク（図3.6）が作る，構造類似のにおい分子からなるグループの集合体」としてとらえることにほかな

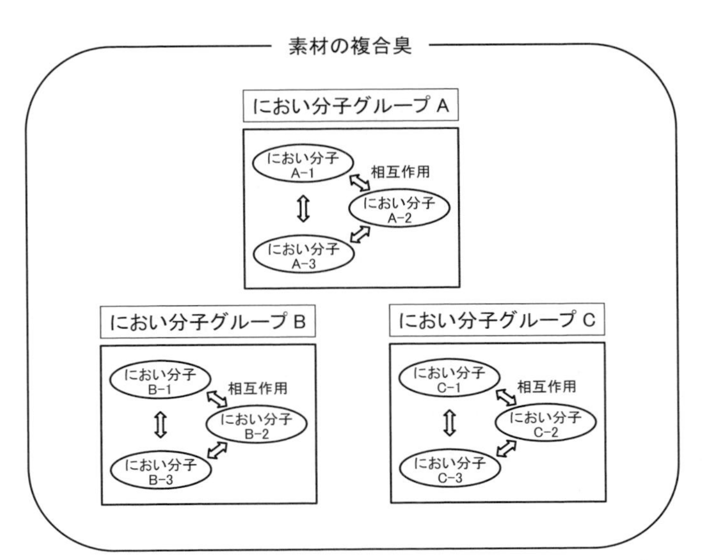

図3.9　におい分子間のネットワークが作るにおい分子グループの集合体としての複合臭

らない。

では，におい素材に含まれる多くのにおい分子間の相互作用を考慮するには，どのようにしたらいいのだろうか。単純な話ではあるが，個々のにおい分子を分けずにグループのまま検討すればいいのである。さまざまな方法が考えられるかと思うが，ここでは二つのアプローチについて説明する。これらは，4章における実際のにおい素材のにおい特性解明を行う際に用いたものである。**図 3.10** にそのアプローチを示した。

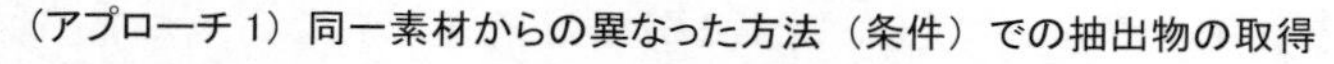

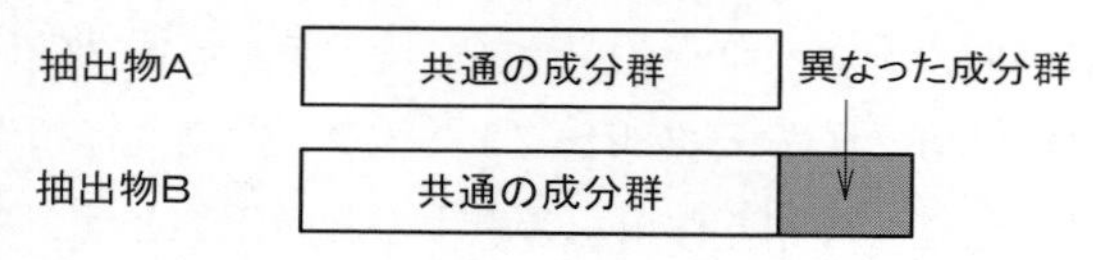

（アプローチ 2）素材のにおいの特徴を有する抽出物をいくつかのグループに分画：
素材の特徴を保持した分画物の取得

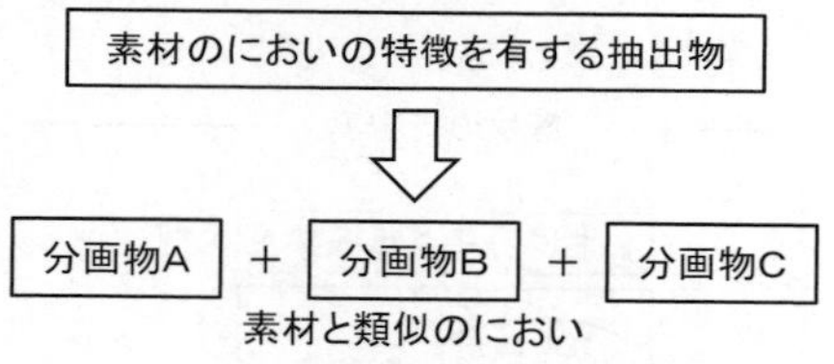

図 3.10　嗅覚メカニズムを考慮した複合臭のにおい特性解明への二つのアプローチ

アプローチ 1 は，素材からにおい成分を抽出する際に，用いた抽出方法によって抽出物のにおいが少し異なることを利用する方法である（少しというのは，得られた抽出物の成分に大幅な違いがない程度ということである）。いま，かりに同一素材から 2 種類の抽出物が得られたとする。この二つの抽出物のうち，抽出物 A が目的とするにおいを有しており，抽出物 B はそのにおいとは異なったにおいをもつ。このとき，抽出物 B のにおいが目的のにおいと違っているのは，抽出物 A とはにおい成分の構成が異なっているからだと考える。なお，図でとりあげたのは，抽出物 B に抽出物 A にはない成分群が含まれていたケースである。この成分群が存在するためににおいが異なってしまったというわけだが，抽出物Bに余計なものが含まれている場合のみならず，抽出物Aから成分が欠如してにおいの類似性が下がってしまうケースも考えられることに注意してほしい。そして，判明した成分について，抽出物AおよびBの類似構造の成分との相互作用を考慮する。すなわち，増加や欠如をした成分だけでなく，それらの成分と類似した構造をもつ成分群（におい分子グループ）についても，その素材のにおい発現にとって重要な成分と捉えるのである。

もう一つのアプローチ2は，抽出した成分をいくつかの成分群に分画して考える方法である。分画する方法としてはいろいろあげられるが，いずれにせよ構造の類似した成分ができるだけばらばらに分割されないようにすることが重要である。そのためには，沸点の違いで分けるというのが，対象がにおい成分であるということを考慮すると有力な選択肢となる。図の例では，分割によって3種類の分画物が得られたとする。これら分画物のうち，分画物Bのにおいが素材そのもののにおいと類似していた。この場合，分画物間の成分の比較をすることで，におい特性に寄与する重要成分を特定することができる。4章では，具多的な例をあげてこれらのアプローチについて説明する。

以上説明したことをもとに，嗅覚メカニズムを考慮した複合臭の解析手順について**図3.11**に示した。まず，図3.10に示したアプローチで抽出物，分画物

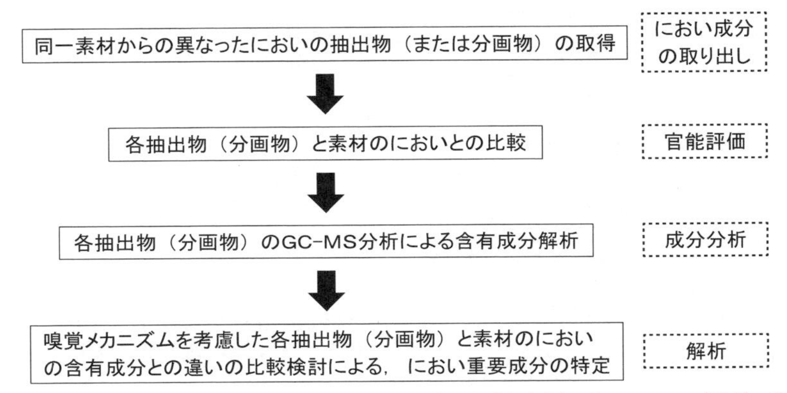

図3.11　嗅覚メカニズムを考慮した素材の複合臭の解析（香気プロフィール解析）手順

を得る。つぎに，この得られた抽出物の官能評価を行う。そして最後に，抽出物，分画物の成分分析を行う。このようにして得られた官能評価と成分分析結果とを組み合わせて解析することによって，においの重要成分を特定することが可能になる。

3.2　GC–MS による複合臭の解析

3.2.1　においを感じる仕組みを考慮した GC–MS データの取り扱い方

におい素材のにおい成分分析において一般的に使われている分析方法を**図 3.12** に示した。におい素材の重要なにおい成分を探索するには，含有する成分を明らかにする必要がある。その目的に適した分析方法がガスクロマトグラフィー（GC）である。この分析によって，においに含まれる成分の数とそれらの成分の含有量の相対的な比についてのデータが得られる。さらに，GC ににおい嗅ぎ装置を付属させることで，GC 分析によって得られた各ピークのにおいの特徴に関する情報が得られる。また，質量分析計と連携することで，各ピークの成分の特定をすることもできる。そうした方法によって，どのようなにおいを有するどのくらいの種類の成分がどのくらいの比で含まれているかが判明

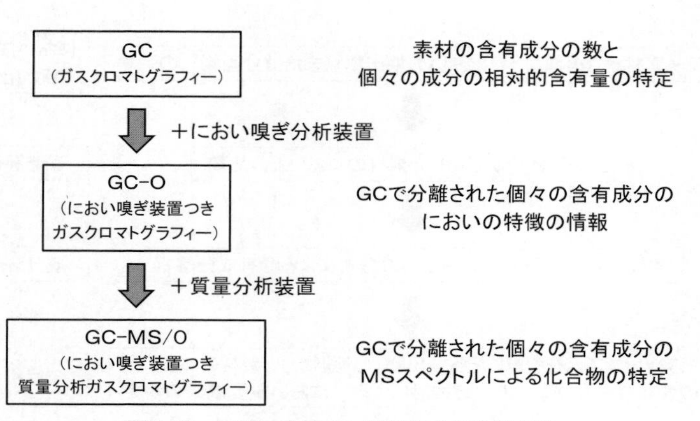

図 3.12　におい素材の一般的な成分分析方法

する。このようにしてにおい解析の基本データを得ることができるが，得られたデータをそのまま使うだけでは，におい分子間の相互作用を考慮した，つまり嗅覚メカニズムを考慮した解析は不可能である。

それでは，どのように解析を行えばよいだろうか。すでに説明したような複合臭における含有成分の取り扱いについての考え方を，GC-MS分析結果の解釈に取り入れればよいのである。いま，例として経時変化によるにおい変化について説明する（**図3.13**）。この例では，まず素材の含有成分の最初の状態が，図3.9で示したような，複数の構造が類似した成分からなるいくつかのグループの集まりであると考える。ここで，時間経過によってにおいが変化したときのGC分析結果が図3.13の右側のようになったとする。二つの状態におけるGC分析結果を比較することで，成分A-3が欠如していることが容易に見てとれるだろう。ただしこの場合，においの変化に影響を与えたにおい成分としては，欠如した成分A-3だけでなく，このグループのほかの成分A-1，A-2も重要であると考える。このような考えをもとに解析を行うことで，重要なにおい

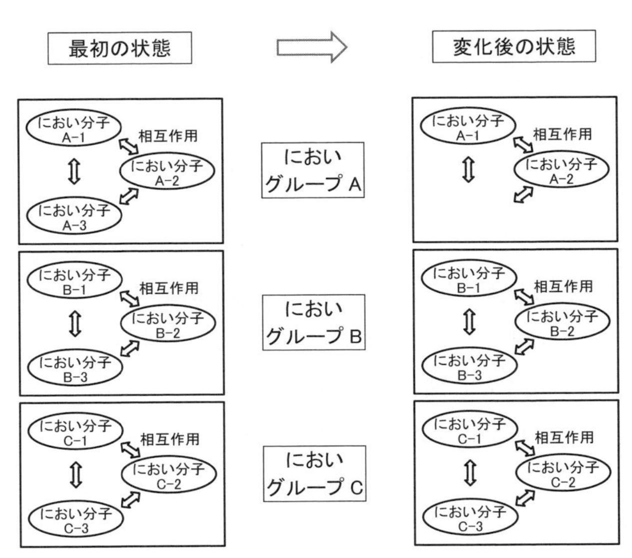

図3.13　構成成分の構造類似性に着目したGC-MSデータの解析

成分を突き止めるという方法である。

この方法において，嗅覚メカニズムを考慮したGC-MSデータをどのように扱うのかについてまとめたものを**図3.14**に示した。まず，通常の方法で得られたGC-MSデータを，におい分子の分子構造の類似性を考慮してグループ分けする。つぎに，これらグループのうちのいずれかに属する成分が欠如していたり，含有比が変化したりしていないかを解析することで，そのにおいの中で重要な成分を特定していく。成分を特定できたあとは，必要に応じてこの成分に着目した分析を行うことになる。

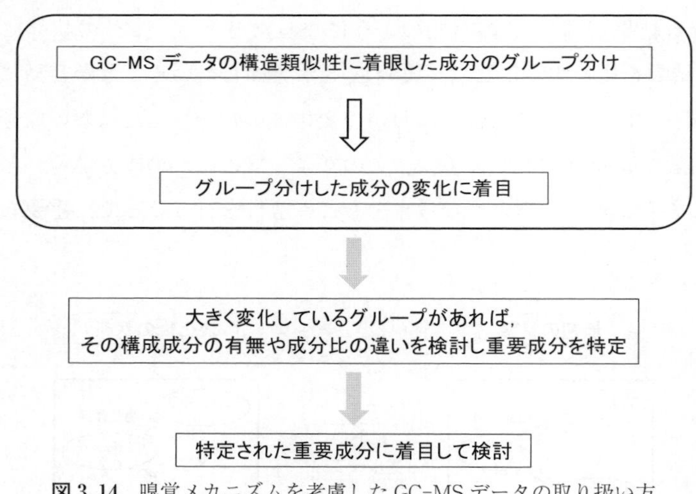

図3.14　嗅覚メカニズムを考慮したGC-MSデータの取り扱い方

3.2.2　GC-MSによるにおい素材の複合臭解析の実践

ここからは，これまでに説明した嗅覚メカニズムを考慮したGC分析の具体的な例について説明する。**図3.15**にスターアニスの抽出物のGC-MS分析チャートを示した。このチャートに示されているおもなピークの成分を同定することによって，スターアニスには，**図3.16**に示したような成分が含有されていることが判明した。

つぎに，これらの成分をそれぞれの構造の類似性に着目して分類すると**図**

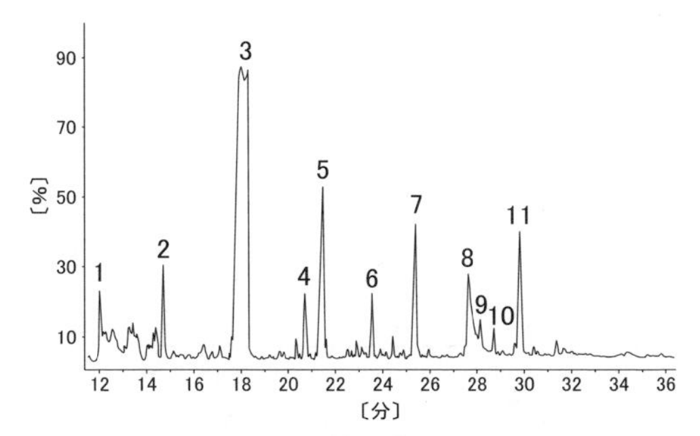

図 3.15　スターアニス抽出物の GC-MS チャート

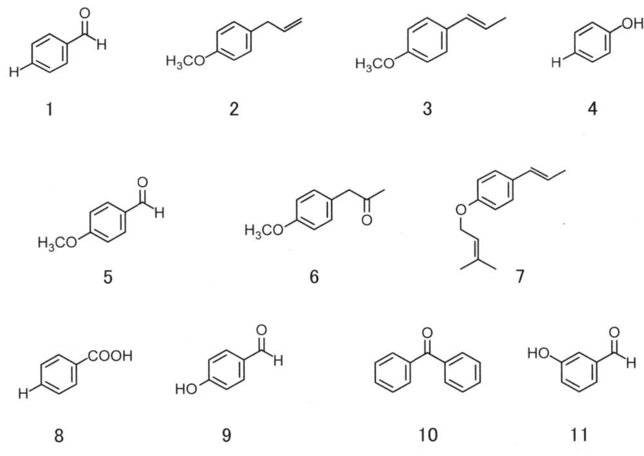

図 3.16　GC-MS 分析により得られたスターアニスのにおい成分

3.17 のようになる。図を見ればわかるように，大きく四つのグループに分けることができる。さらにグループ B では，置換基にカルボニル基があるかないかによる分類も可能である。厳密には，このグループ分けは人のにおい受容体にとって構造が類似と判断されるものかそうでないかでなされるべきである。しかし，まずはこのようにそれぞれの構造の違いによって大まかに分けて検討するだけでも，におい分子どうしの相互作用を考慮した解析としては成立し，従来の解析手法では得られなかったような知見が得られる可能性がある。

つぎの例は，香気原料として広く使われているパチュリのにおい成分分析に

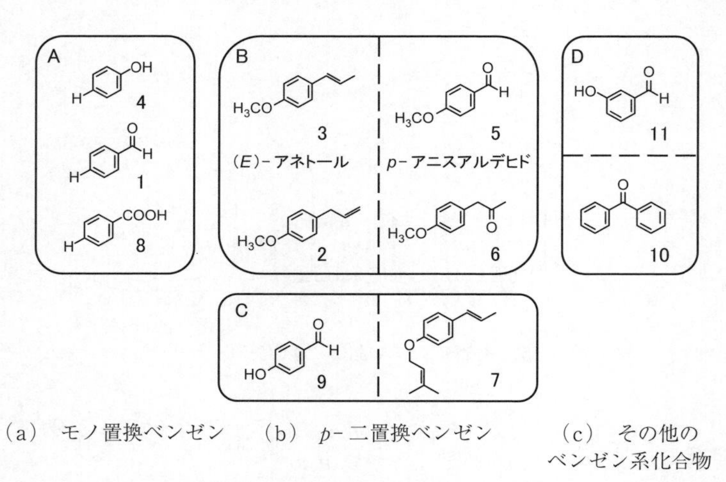

（a）モノ置換ベンゼン　（b）p-二置換ベンゼン　（c）その他のベンゼン系化合物

図 3.17　スターアニスのにおい成分の構造による分類

ついて示す。パチュリは，インド原産のシソ科の植物で，その葉を乾燥させることで特有のにおいを発するようになる。その葉そのものも香材として使われているが，その葉から得られる精油は，重要な香料として広く使われている。このパチュリの，GC-MS 分析によって得られたにおいの含有成分は**図 3.18** に

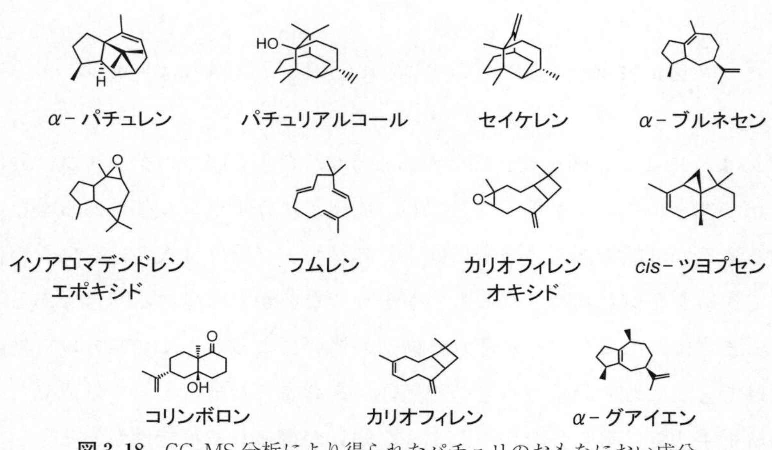

図 3.18　GC-MS 分析により得られたパチュリのおもなにおい成分

示すとおりであり，これらの成分をその構造類似性に従って分類したものが**図 3.19** である。

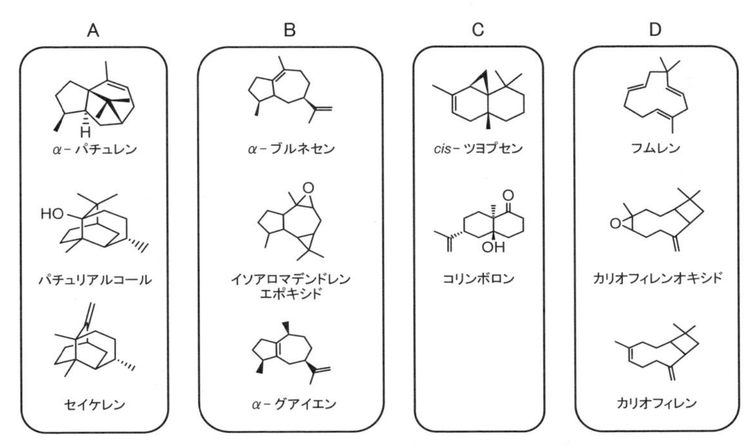

図 3.19　パチュリのにおい成分の構造による分類

最後に，アッサム種の緑茶と中国種の緑茶のにおいの違いについて分析を行った結果の例を示す。アッサム種の緑茶の含有成分を分析することによって得られた主要成分を**図 3.20** に示した。また，中国種についても同様に GC-MS

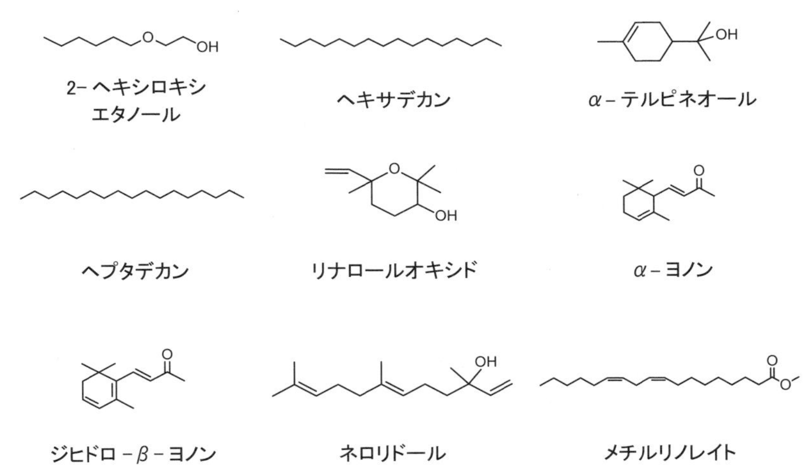

図 3.20　GC-MS 分析により得られたアッサム種緑茶の主要におい成分

分析を行った。その結果，両抽出物間での含有成分の違いが**図 3.21** のように求められた。この結果は，三つのにおい成分群における違いが両緑茶のにおいの違いをもたらしていることを示している。

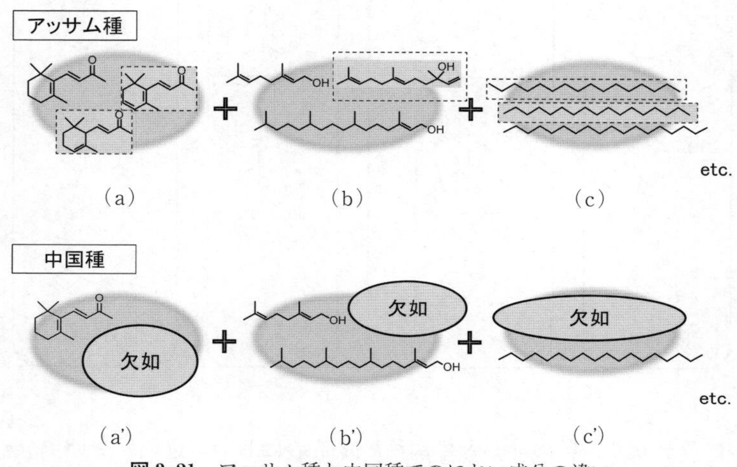

図 3.21　アッサム種と中国種でのにおい成分の違い

なお，ここで示した例のような考察は，すでに報告されているほかの成分についての解析にも応用することが可能である。

コラム5

香水を多めにつけて体臭や嫌なにおいを消すことはできるか

われわれの身のまわりにはさまざまなにおいが漂っている。食べ物をはじめ，衣類や化粧品など，多くのものがそれぞれ独特のにおいをもっている。中には，非常にいいにおいがするものもある。そこでこのような考え方が出てくる。汗臭いにおいなどの体臭や腐った食べ物のにおいなどの嫌なにおいがするときに，いいにおいがする香水をつけておけば，香水のいいにおいで嫌なにおいを隠せるのではないだろうか？

しかし，においというものはそんなに単純なものではない。多くの場合，素材のにおいはたった一つのにおい成分から構成されているわけではない。数十，場合によっては数百ものにおい成分が混ざり合って，その素材の特徴的なにおい，いわゆる複合臭を作っている。そして，複合臭であるがゆえに，いいにおいの香水を多めにつけたとしても嫌なにおいを消すことは難しく，かえって悪化させてしまう恐れさえある。このことは，におい分子レベルで考えれば，容易に予測されることでもある。本章で説明したように，多くのにおい素材には，形の似たにおい分子がたくさん含まれている。そして，形の似たにおい分子が一緒に存在すると，それらはたがいに影響し合い，結果として人が認知するにおいは個々のにおいの特徴の単純な足し合わせではなくなってしまう。要は，まったく別のにおいに変わってしまうわけである。においというものはこのような複雑な仕組みで発現しているので，単純に嫌なにおいがするところにいいにおいの香水をつけても，いいにおいがすることにはならない。さらに，以下に述べるようなさまざまな要因も存在することが，においの発現をより複雑にしている。

においには，人にとって心地よいにおいと不快なにおいがあるが，一般に不快なにおいのほうをより強く感じることが多い。したがって，嫌なにおいをまったく感じなくするには，かなり多くの量のいいにおいを混ぜ合わせる必要がある。しかしここで新たな問題が起きる。どんなにいいにおいであっても，強すぎると人にとっては不快なものになる場合が多いということである。そして，においにはいわゆる慣れというものがある。同じようなにおいをしばらく嗅ぎ続けていると，人はそのにおいに慣れてしまう。このにおいの慣れについて，身近な例をあげよう。多くの読者は，おそらく自宅のにおいが気にならないだろう。けれども，他人の家やホテルの部屋に入ったときには，そのにおいを感じているはずである。においは人の危険察知において重要な情報の一つであり，これは異なった状況にあることをにおいから感じとっているのである。ところが，そのにおいもしばらくすれば気にならなくなってくる。なぜならば，その場所が自分にとって危険な場所ではないと認識したからである。

このにおいの慣れに関連して，気をつけてほしいことがある。近年では，「アロマハラスメント」なるにおいに関する社会問題が発生している。香水のにおいに慣れると，厄介なことに加える香水の量がどんどん増えていってしまい，自分ではそれほど強くにおいを感じていなくても，まわりの人からすると強すぎるにおいになっていることがある。そうなると，先ほど述べたような，「どんないいにおいでも濃すぎると不快になる現象」が起きてしまうのだ（**図**）。他人に不快な思いをさせないためにも，くれぐれも香水の使い過ぎには注意してほしい。

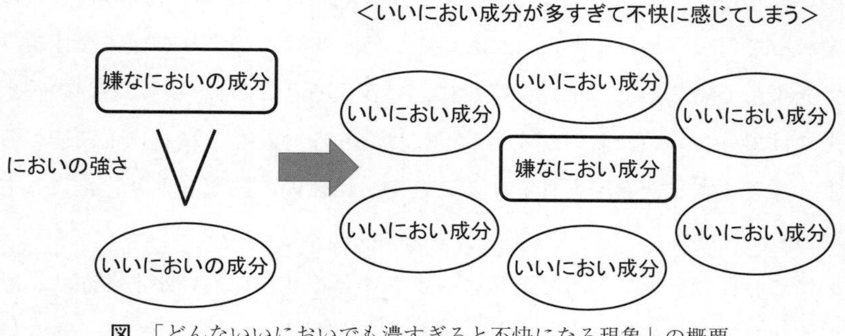

図　「どんないいにおいでも濃すぎると不快になる現象」の概要

コラム6

香水をつけたときのかおりと，しばらくたってからのかおりが違うのはなぜか

植物や果実などのにおい素材のにおいは，多くのにおい成分から構成されている（**図**）。例えば，ミカンなどの柑橘類に含まれる成分は，比較的揮発性の高い成分で構成されているので，短時間で集中的ににおいが発散される。このようなにおい成分をトップノートと呼んでいる。青葉アルコール類などの青臭いにおいもトップノートである。また，バラなどの花のにおいは，柑橘類に比べればゆっくりと感じられる。こちらはミドルノートと呼ばれているにおい成分から生じるにおいである。一方，白檀やパチュリなどの多くのお香素材のにおいは，じっくりとにおってきて持続性もきわめて高い。これらはベースノートといわれていて，トップノートやミドルノートに比べて分子量も大きく，揮発性が低い。ベースノートのにおい成分は合成することが難しいものが多いため，天然の精油がそのまま使われることが多い。

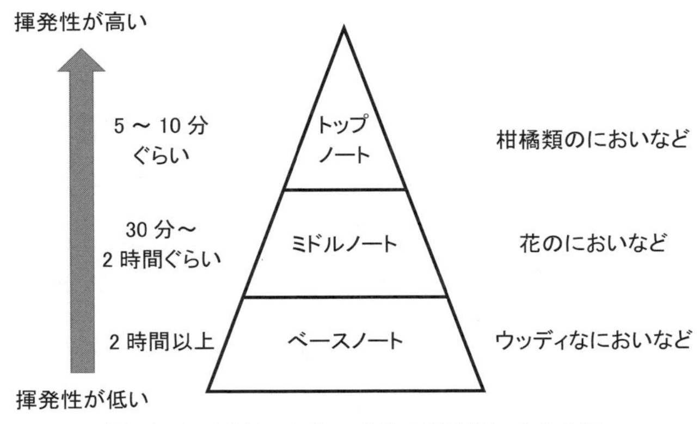

図　におい素材のにおい成分の揮発性による分類

なお，オレンジのにおい成分はそのほとんどがトップノートであり，バラなどのにおい成分はミドルノートが主となっている。このように，天然

のにおい素材のにおい成分は，ほぼ同じような揮発性の成分から構成されていることが多い。一方，香水は，さまざまな揮発性を有する成分をうまくブレンドして作られている。つまり，トップノート，ミドルノート，そしてベースノートの成分の混合物である。ということは，香水をつけたときにどのようなことが起きるかというと，初めにトップノートのにおいがして，つぎにミドルノートのにおいが，最後にベースノートのにおいがするといったように，時間差でにおいが変化することになる。けれども実際の香水では，初めはトップノートの成分のにおいだけがして，そのあとミドルノートの成分のにおいだけがするかというと，そんなに単純ではない。それはどうしてだろうか。

さきほど述べたように，香水にはトップノートとミドルノートとベースノートの成分が混在している。しかし，初めに揮発するのはトップノートの成分だけではないはずである。揮発性が低いということとその成分が揮発していないということは，必ずしもイコールではない。確かに量はトップノートの成分からすればかなり少ないが，たとえ揮発性が低いベースノートの成分であっても，初めからわずかには揮発しているはずである。つまり，香水の初めに感じるにおいは，トップノートの成分が主となって，そこにわずかなミドルノートとベースノートの成分が加わることで作られたものであると考えられる。しかも，それらの成分比は時間の経過とともに刻々と変化しているはずである。したがって，香水をつけると時間の経過とともににおいが変化し続けていくことになる。そういう意味では，香水は生きたものであるといえるかもしれない。

4 章
においを発する素材のにおい解析の実践

においを発する素材のにおいの特徴についての知見を得るには，どのような手順を踏めばいいのか。におい素材の多様な特徴に応じて，さまざまな方法が用いられている。本章では，2章および3章で説明した嗅覚メカニズムを考慮したうえで，どのようににおい特性を解析するかについて，具体的な素材の研究例をとりあげて説明する。

4.1　植物のにおい解析の実践

4.1.1　白檀のにおい特性

インドなどの地域で生育する白檀（サンダルウッド）は，お香などの素材として，最もよく知られているにおい素材の一つである。熱帯性の半寄生性常緑木であり，その木部，特に心材部分が香材として用いられている。特徴的なにおいを有するがゆえに，古くから香水などのにおい製品にとって重要な素材であり続けてきた。工業的には，通常，白檀の木片から水蒸気蒸留法によって得られた精油が使用されている。

この精油の主成分は，**図 4.1** に示す構造の類似した2種類のセスキテルペン

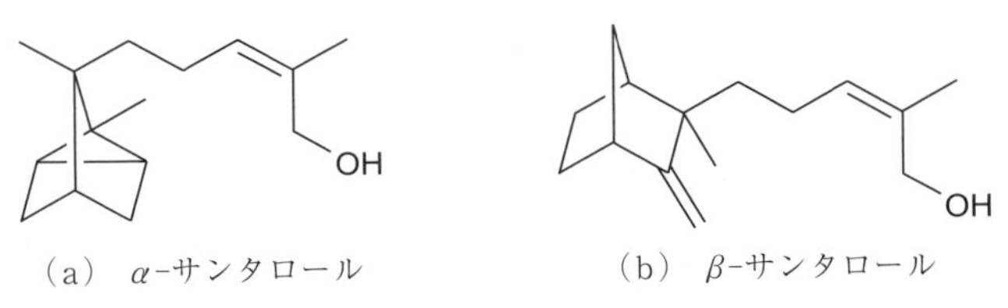

（a）α-サンタロール　　（b）β-サンタロール

図 4.1　白檀精油の主成分

(α-サンタロールとβ-サンタロール，炭素数15個）である。高品質とされている白檀精油ほど，この2種類の成分の含有率が高い。天然の精油には，α-サンタロールとβ-サンタロールが約2：1の割合で含まれており，このうち含有量が少ない方のβ-サンタロールが，白檀のにおいの重要成分とされている。

ところで，市販されている白檀精油と白檀素材のにおいを比較すると，白檀素材の有する爽快な白檀臭が，精油からはほとんど感じられないことが官能評価によって認められた。そこで，この違いをもたらしているにおい成分の探索を行った。ここからは，この探索を通じて得られた知見をもとに，複合臭の特徴について説明をする。

白檀材からヘキサンを用いて得られたヘキサン抽出物のにおいは，素材のにおいの特徴を有していた。しかし，この特徴は，水蒸気蒸留によって得られた精油のにおいとは異なっていた。そこでヘキサン抽出物と水蒸気蒸留物について^{1}H NMRによる成分解析を行ったが，両抽出物の^{1}H NMRチャートには明確な違いは見られなかった。主成分として，図4.1の2種類のセスキテルペンのみの含有が認められただけであった。

つぎに，ヘキサン抽出物について分別蒸留を行った。その結果，主成分から構成されている分画グループC以外に，含有量はきわめて少ないがより低沸点の成分からなる二つの分画グループ，AおよびBが得られた。これらの分画物のにおいの特徴を官能評価したところ，**図4.2**に示すような特徴が見られた。グループCのにおいの特徴は，先述の水蒸気蒸留法で得られた精油のにおいの特徴に類似していた。

この結果から，白檀材のにおいは，これら三つの成分グループA，BおよびCから構成されており，水蒸気蒸留物のにおいとの違いをもたらしているのはグループAおよびBであることが示された。また，その後の解析で，特にグループBが重要なにおい成分グループであることが判明した。

それぞれのグループの成分の構造について観察してみよう。まず，図に示したすべての成分について，それらの分子骨格構造が類似していることがわかる。そして，グループAは炭素原子と水素原子のみでなる炭化水素化合物で

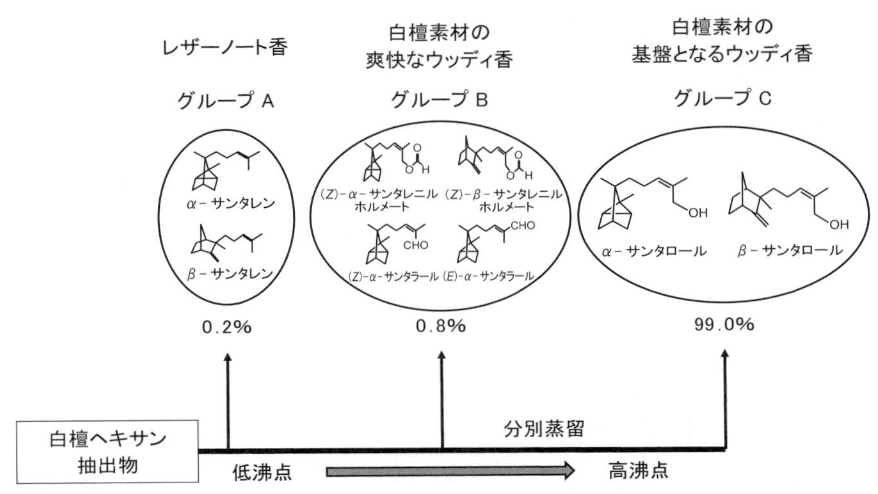

図 4.2 白檀のにおいを構成する主要におい成分グループ A，B，C

構成されており，グループ B はエステルとアルデヒド，グループ C はアルコールで構成されている。エステルやアルデヒドはアルコールに比べてにおいが強いものが多い。したがってグループ B は，含有量が少ない場合でも素材のにおいに大きな影響を与えるものだと推測される。さらに，アルコールよりも低沸点であることから，ヘッドスペース香気として認知されたものと推定した。

ところで，1 章で述べたように，炭化水素に比べて極性のある部分構造をもつ化合物のほうがより高沸点になる。官能基として水素結合が可能なヒドロキシ基（OH）を有するアルコールになると，より一層高沸点になる。本実験では，含有成分の分子骨格構造が類似していたことから，官能基の性質による沸点の違いが 3 種類の成分グループの分画をもたらした，と考えられる。一般に，天然精油に含まれる成分は，素材ごとにある程度類似した分子骨格を有することが多い。したがって，ここで示したような結果が得られることは，十分に考えられる。ただし，人工的に調合された香料については，沸点の違いで分画してもこのような成分グループに分けることは難しいと考えられる。

いずれにしても白檀のヘキサン抽出物を沸点の違いで分けたところ，B および C という白檀のにおいにとって重要な成分を含む二つのグループの存在が判明したわけである。そこで，BとCのグループについてクロマトグラフィーによる分離精製を行い，その含有成分を単離した。そして得られた各構成成分のにおいの特徴をそれぞれ官能評価した結果，**図4.3**に示したように，グループそのものが示すにおいと同じにおいを示す成分が存在しないことがわかっ

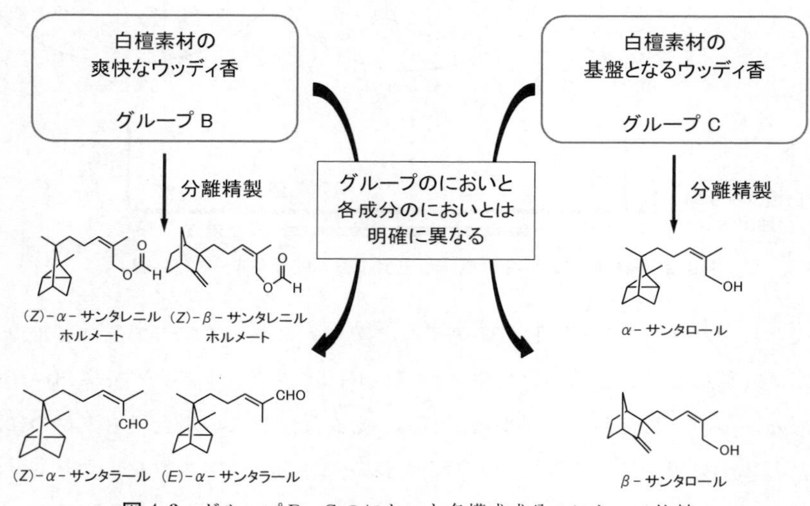

図4.3　グループB，Cのにおいと各構成成分のにおいの比較

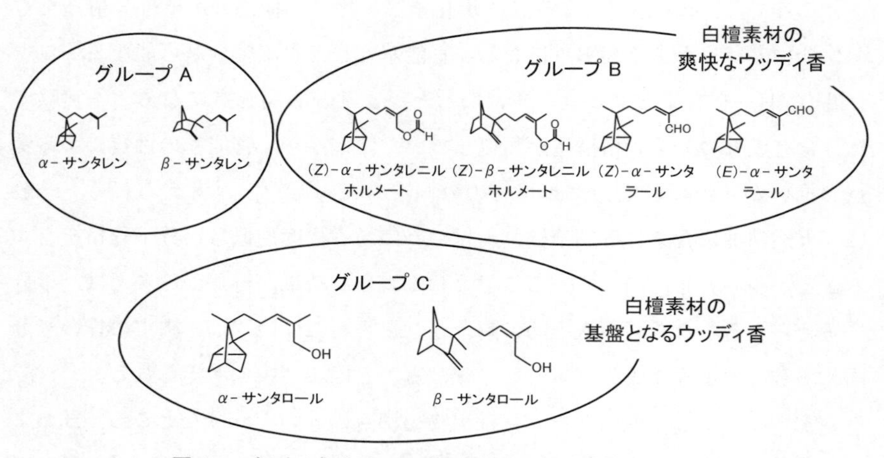

図4.4　主要三成分グループから構成される白檀のにおい

た。個々の成分のにおいはどれもグループのそれとは明確に異なっていたのである。しかしそれらを含有するグループのにおいは，素材のにおいにとって重要なものであった。これらの結果は，3章で説明したような類似の構造の分子が共存することによる相互作用が，素材のにおいにとって重要なにおいを生み出していることを示唆している。以上の検討によって，白檀のにおいは，一つひとつの成分のにおいの集まりというよりは，3種類の主要成分グループから構成されていると考えるのが妥当であることが判明した（**図 4.4**）。

4.1.2 乳香のにおい特性

最も古いにおい素材の一つである乳香は，英語名ではフランキンセンス（frankincense）と呼ばれている。その原料は各種ボスウェリア（Boswellia）属の樹木から得られる樹液である。独特なそのにおいは，香水などにオリエンタルなかおりを付加するのに使われたりしている。この乳香から得られたヘキサン抽出物と水蒸気蒸留物のにおいを比較したところ，**図 4.5** のようにヘキサン抽出物は素材のにおいに類似したにおいを有していたが，水蒸気蒸留物のにおいとは異なっていた。この両抽出物の含有成分の違いを検討することが，乳香の重要なにおい成分の特定につながると考えられる。

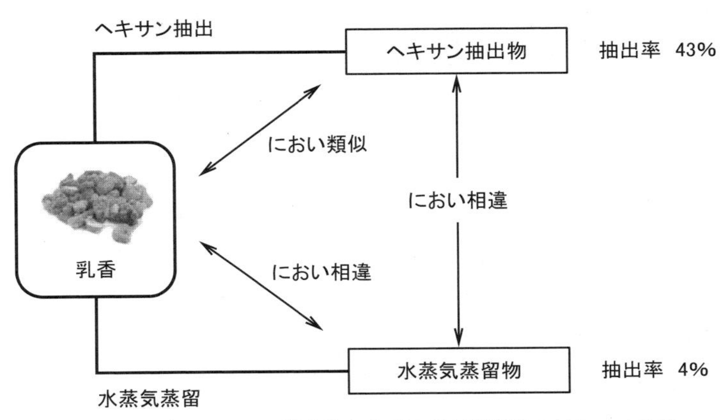

図 4.5 乳香のヘキサン抽出物および水蒸気蒸留物のにおいの比較

乳香のヘキサン抽出物と水蒸気蒸留物についてそれぞれ^{1}H NMR 測定を行った結果を**図 4.6** に示す。このチャートから，両者の含有成分が明らかに異なっているのがわかる。さらに，クロマトグラフィーにより単離したこれらの抽出物に含まれている化合物について，^{1}H および^{13}C NMR による構造解析を行った。その結果，ヘキサン抽出物の主要成分は 5 種類のジテルペン（インセンソール誘導体）であり，水蒸気蒸留物の主成分はオクチルアセテートやオクタノールなどの鎖状化合物類であることが判明した。以上のデータは，ヘキサン抽出物の主成分であるジテルペン類が，乳香のにおいにとって重要なにおい成分であることを示している。

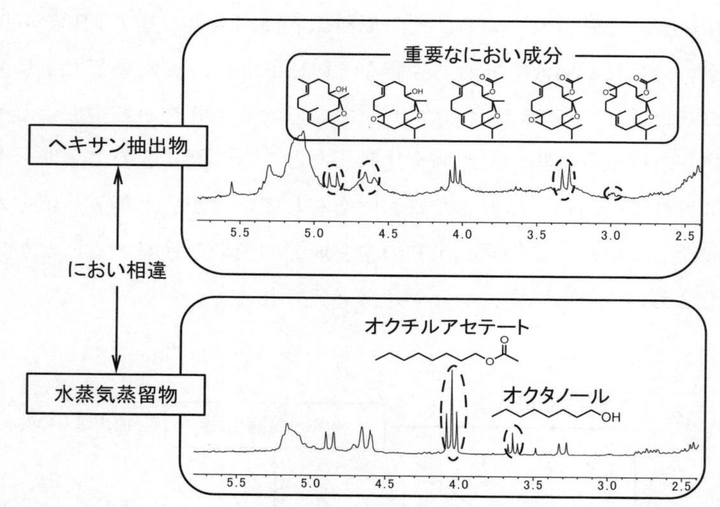

図 4.6　乳香のヘキサン抽出物と水蒸気蒸留物の^{1}H NMR による含有成分の分析

しかし図に示した NMR の結果だけからは，ジテルペン類が乳香にとって重要なにおい成分グループであるとはいい切れない。そこで，より確かな情報を得るために，乳香のヘキサン抽出物の分別蒸留を行った。その結果を**図 4.7** に示す。この結果からは，白檀と同様，乳香でも大きく分けて 3 種類のにおい成分グループが存在することが判明した。また，それらのグループのうち，最も

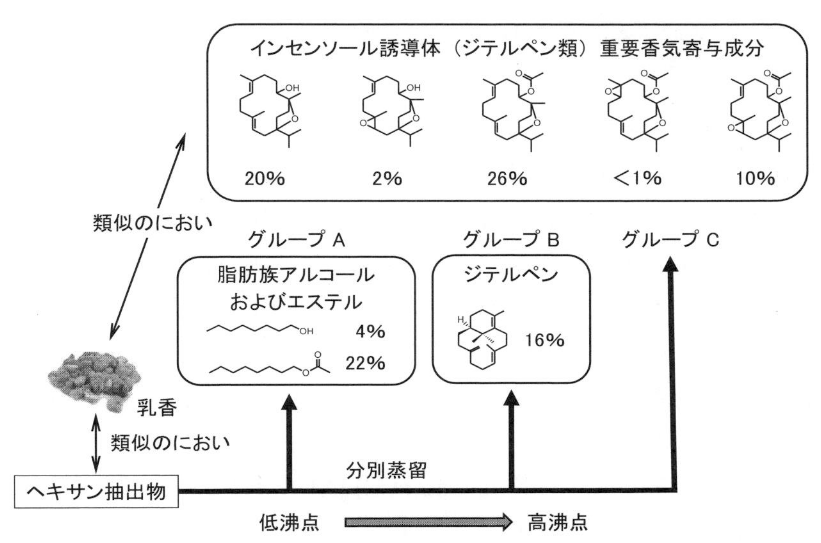

図 4.7 乳香のヘキサン抽出物の分別蒸留による三つのにおい成分グループへの分画

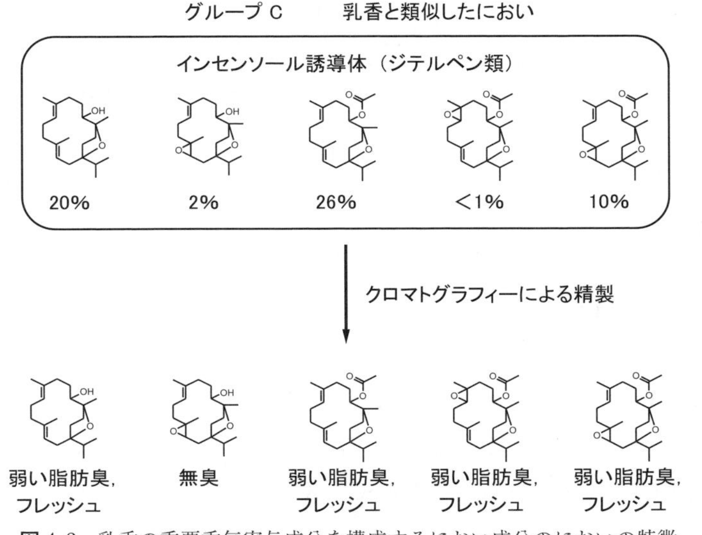

図 4.8 乳香の重要香気寄与成分を構成するにおい成分のにおいの特徴

沸点の高いグループＣが素材のそれと類似のにおいを有していることもわかった。

ここで，すでに述べたように，重要なにおい成分を含んでいるグループＣには，**図4.8**に示した５種類のジテルペン類が含まれている。驚くべきことに，これらのジテルペンのにおいはきわめて弱いものであり，なおかつ乳香素材の独特な強いにおいとはまったく異なっていた。しかし，これら５種類のジテルペン類を含んだグループＣは，乳香のにおいにとって重要なにおい成分群である。ということは，この結果もやはり白檀と同様，構造類似の成分が共存することによってもたらされたものである。以上の検討によって，これまでの研究からは明らかにされていなかった乳香の重要なにおい成分が特定され，そのにおいは，**図4.9**のように３種類のにおい成分グループによって構成されていることが判明した。

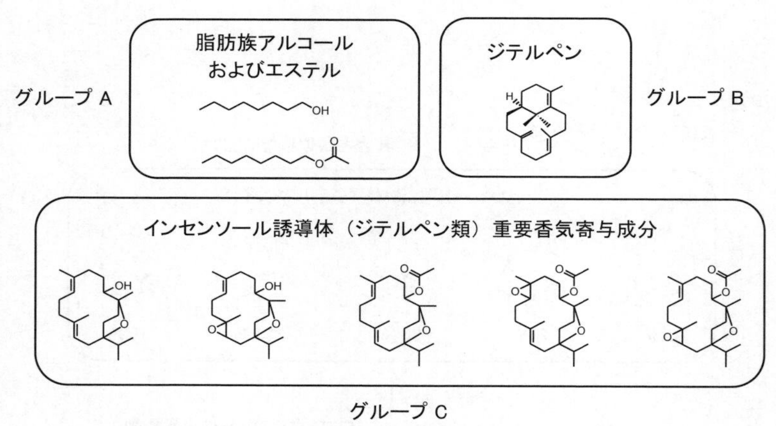

図4.9　主要三成分グループから構成される乳香のにおい

4.1.3　スターアニスのにおい特性

スターアニス（八角）は，大茴香とも呼ばれている常緑樹の果実であり，原産地は中国南部やインドシナ半島北部である。「八角」という名前の由来にもなっている特徴的な形をもち，乾燥させたものは香辛料として中華料理などに使用されている。また，得られる精油は甘くスパイシーなアニス様のにおいを有していることから，石鹸のかおりづけや食品香料としても使用されている。

このスターアニスのにおい特性を調べるにあたり，3種類の方法によってにおい成分を取り出した。結果，最も低沸点のにおい成分が多いと考えられるヘッドスペース捕集物，広く多くのにおい成分が捕集されていると考えられるヘキサン抽出物（ただし低沸点のにおい成分は，ヘキサン留去の際に損失している可能性がある），比較的高沸点側のにおい成分が多く捕集されていると考えられる水蒸気蒸留物の，計3種類のにおい成分捕集物を得た。これらの抽出物のにおいはいずれも明確に異なっていた。それぞれの抽出物と素材のにおいの類似性について6段階で官能評価を行い（素材のにおいを6点として，まったく似ていない場合を0点とする），その結果を**図4.10**に示す。最も類似していた（5点）のは，ヘッドスペース捕集物であった。そのつぎはヘキサン抽出物（4点），一番類似度が低かったのは水蒸気蒸留物（3点）であった。

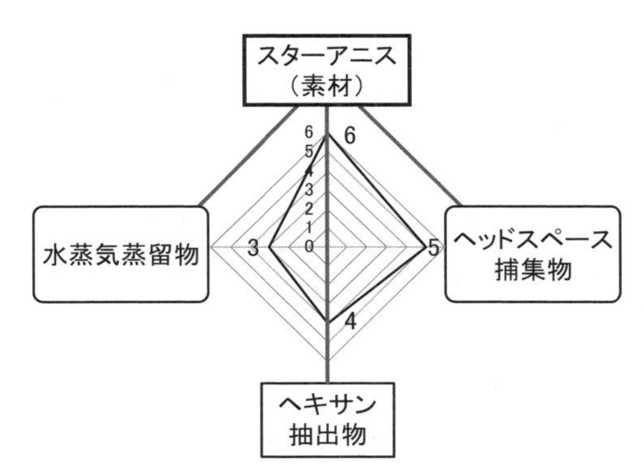

図4.10　スターアニスから得られた3種類の抽出物のにおいの比較

このようなにおいの類似性の傾向が，含有成分のうち何によるものかについて検討した結果をつぎに説明する。まず，NMRとGC-Oによって抽出物の含有成分の分析を行った。**図4.11**には，ヘキサン抽出物のGC-O分析チャートを示した。圧倒的に（*E*)-アネトールの含有量が高かったが，特徴的な強いシ

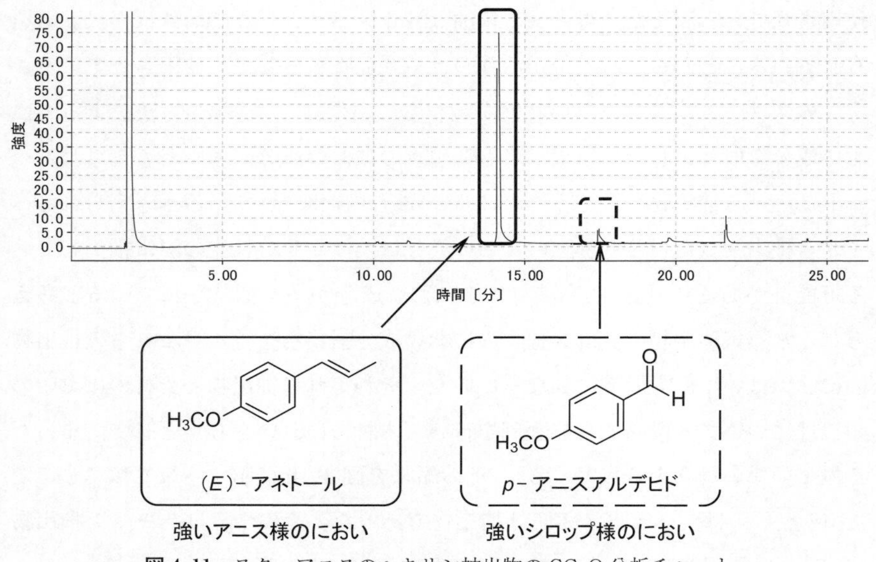

図 4.11　スターアニスのヘキサン抽出物の GC-O 分析チャート

ロップ様のにおいをもつ *p*- アニスアルデヒドの含有も認められた。NMR での結果も同様であった。なお NMR では，この 2 種類の成分はいずれも既知の化合物であったため，データベースより入手したデータとの比較によってその構造を確認した。また，GC 分析により得られたクロマトグラムの各ピークの帰属は，GC-MS の測定によって行った。

さらに，分析によって観測された 2 種類の成分（アネトールとアニスアルデヒド）の含有比について，スターアニス素材のにおいに対するにおいの類似性との関連を調べてみた。その結果，**図 4.12** に示すような傾向が見られた。これまでの研究では，スターアニスのにおいは，含有量が圧倒的な (*E*)-アネトールのにおいによるところが大きいとされていた。確かにアネトールのにおいはスターアニスのにおいによく似ているが，しかし官能評価により明確な違いが見られる。今回の結果は，その違いの原因の一つが，(*E*)-アネトールに対するアニスアルデヒドの含有の割合にあることを示唆している。

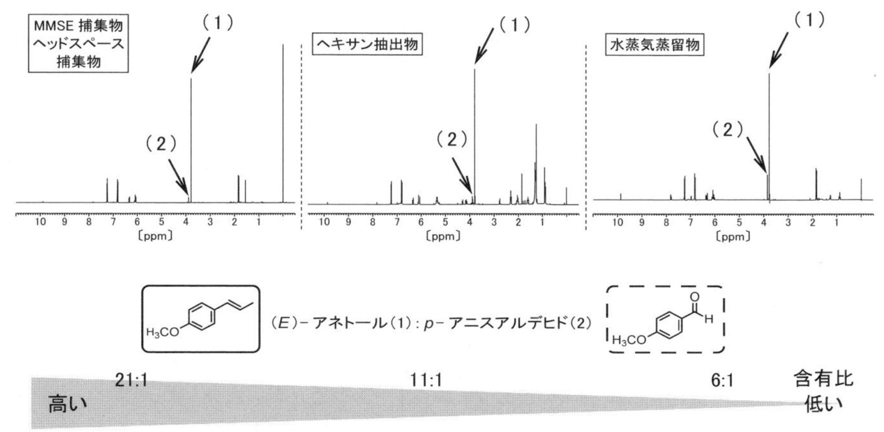

図 4.12 スターアニス抽出物主要 2 成分の含有比の^{1}H NMR による分析と，素材のにおいに対するにおいの類似性

4.2 食品のにおい解析の実践

4.2.1 緑茶のにおい特性

日本人にとって最も身近な飲みものといえば，それは緑茶ではないだろうか。読者も緑茶を飲むとき，そのかおりを楽しんでいることと思う。また昨今では，お茶のかおりをうたい文句とした多くの食品が店頭に並んでいる。

では，われわれにとってこれだけ身近な緑茶のかおりを構成しているにおい成分はどのようなものだろうか。これまでに，多くの研究者が緑茶のにおい成分の分析を行ってきた。その結果，現在までに 600 以上のにおい成分が報告されており，その成分の種類は多岐にわたっている（**図 4.13**）。ゲラニオールやリナロールのような花のかおりを構成している成分や，青葉のかおりを構成しているヘキセノール（hexenol）などの成分，海苔やコーヒーなどに香ばしいかおりを与えているジメチルスルフィド（dimethylsulfide）などがあり，それ以外にも，ありとあらゆるにおいの特徴を有する成分の含有が判明している。ここまで読み進めてきた読者ならば見当がつくと思うが，じつは緑茶のかおりはこれ

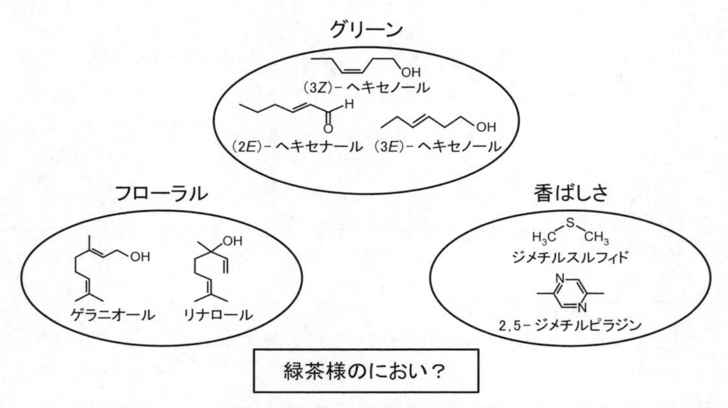

図 4.13　緑茶のかおりを構成する多彩なにおい成分

ら多くの成分によって作り出されている。そして，それらの成分の組み合わせの違いによって，さまざまな種類のお茶のかおりが作られているとされる。緑茶のそれと同様のかおりをもつ単体の成分が存在するわけではないのである。

だが，本当に緑茶様のにおい成分はないのだろうか。ここで，3 章で説明した複合臭のこと，さらに本章で説明した白檀や乳香のにおいのことを思い返してほしい。それらのにおいは，いくつかの主要なにおい成分グループから成り立っていた。そして，それらのグループの中には，素材そのもののにおいと類似したにおいをもつものも存在した。ということは，緑茶様のにおいを有する成分は確かにないのかもしれないが，緑茶様のにおいを有する成分グループならあるのではないか。この考えをもとに緑茶のかおりを検討した結果について，以下に説明する。

さて，緑茶にはさまざまな品種がある。最もポピュラーなものが「やぶきた」という品種である。市販されている多くの緑茶がこの品種をベースにブレンドされている。また「やぶきた」以外にもいろいろな品種があり，それぞれが特徴的なにおいを有する。実験では，このうち「さやまかおり」，「さみどり」，「うじみどり」の三つを選び，「やぶきた」も加えた計 4 種類の品種について，ヘキサン抽出によるにおい成分の取り出しを行った。加えて，「やぶきた」を焙（ほう）じて作られた，ほうじ茶の茶葉についてもヘキサン抽出を行った。得られた抽出物のにおいは，いずれも素材そのもののにおいに類似していた。

つぎに，これらの抽出物から低沸点成分だけを減圧分別蒸留によって取り出した。その後，それぞれのお茶について，得られた留出物のにおいを官能評価したところ，そのすべてにおいて，それぞれのお茶の特徴的なにおいをそのまま有していることが判明した。一方，蒸留を行ったあとの残渣はすべて同じような緑茶を思わせる抹茶様のにおいを有していた。すなわち，この蒸留残渣の中に目指すべきにおいを有する成分グループがあるということである。結果をまとめたものを**図 4.14** に示す。

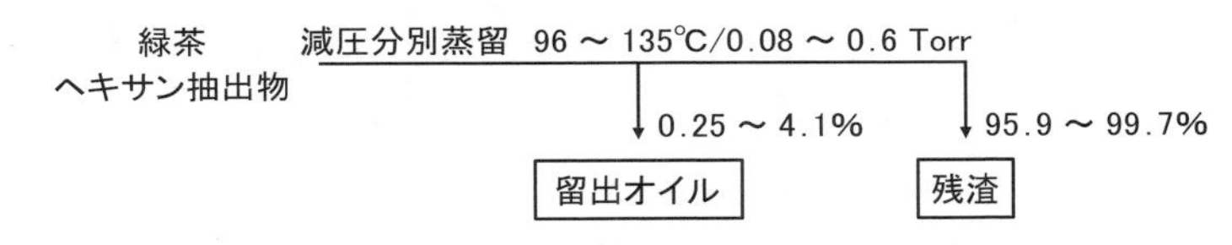

製品	品種	留出物のにおい	残渣のにおい
煎茶（荒茶）	やぶきた	渋み・甘味	抹茶様
煎茶（荒茶）	さやまかおり	香ばしさ・甘味	抹茶様
煎茶（荒茶）	さみどり	フローラル・焦げ臭さ	抹茶様
煎茶（荒茶）	うじみどり	フローラル・焦げ臭さ	抹茶様
ほうじ茶	やぶきた	焦げ臭さ・甘い香ばしさ	抹茶様

図 4.14　緑茶ヘキサン抽出物のにおい成分の分別蒸留とその結果

では，どのような実験を行えばいいのか。そのヒントは，^{1}H NMR のデータにあった。減圧分別蒸留によって得られた抹茶様のにおいを有する残渣について^{1}H NMR による分析を行った結果，すべてにおいてある特徴的な化合物の含有が認められた。その化合物とは，アルデヒド類である。**図 4.15** に示したように，分析結果からは数本のホルミル基（CHO）由来の吸収が観測された。ホルミル基をもつ物質といえばアルデヒド類であり，一般にアルデヒド類は強いにおいを有する。そこで，これらのアルデヒド類に着目することにした。

まず，クロマトグラフィーによってこれらアルデヒド類の精製を試みた。し

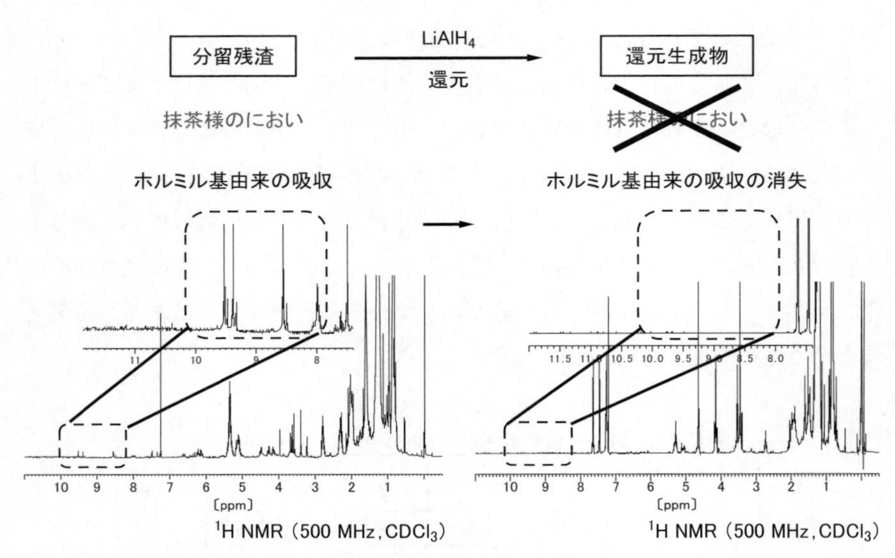

図 4.15　分析で観測されたホルミル基由来の吸収と還元によるその消失

かし，アルデヒド類の不安定性が原因で，単離には至らなかった。だが一方で，アルデヒド類精製の過程で重要な知見を得ることができた。それは，精製過程で得られる多くの分画物の中で，抹茶様のにおいを有する分画物には必ずホルミル基（CHO）由来の吸収が見られる，ということであった。もし，これらのアルデヒド類が抹茶様のにおいに関係しているのであれば，何らかの方法でこれらアルデヒド類を別の化合物に変えてしまえば，抹茶様のにおいは消失するのではないだろうか。そこで，アルデヒド類を還元してアルコール類に変換することにした。アルコール類のにおいは，アルデヒド類に比べて弱いという特徴を有している。この点から見ても，容易ににおいの変化を起こすことができるだろうという考えである。還元を行った結果，図 4.15 に示すように，ホルミル基（CHO）由来の吸収が消失すると同時に，抹茶様のにおいも消失した。そして，得られた還元体からは，新たなアルコール類の含有が認められた。これらのアルコール類は，抹茶様のにおいを与えていると推定されるアルデヒド体を還元したことにより生成されたものと考えられる。この考えのもと，生成したアルコール体の解析を行った。その結果，**図 4.16** に示したアルデヒド類が

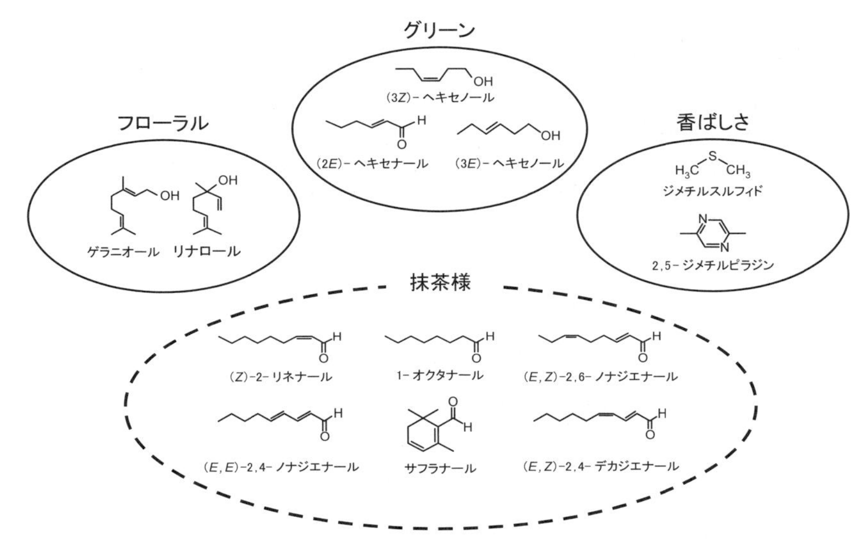

図 4.16　実験から判明した緑茶の抹茶様のにおいを形成する成分群

抹茶様のにおいを与える成分群として見出されたのである。

4.2.2　日本酒のにおい特性

日本酒は，日本の文化が生んだすばらしいアルコール飲料である。日本酒の特徴は何といってもそのかおりであり，その特徴を生かして料理などに使われている。このかおりは，ビール，ワイン，ウイスキーなどのアルコール飲料とは明確に異なっている。その原因と考えられるのが，ほかのアルコール飲料とは異なった日本酒独特の製造工程である。よって，製造工程で日本酒のにおい成分の含有状況や組み合わせがどのように変化するかを検討することが，日本酒のかおりの特徴を調べるうえで必須のことだと考えられる。

日本酒の一般的な製造工程を**図 4.17** に示した。日本酒の主原料は米，水，米麹であるが，これらを用いて多様な工程を経て作られていることがわかる。今回，日本酒のかおりについて調べる実験を行うにあたり，「もろみ A」から市販されている「(日本) 酒 (3)」までの，図中において四角で囲った七つのサンプルについて含まれるにおい成分を分析し，それぞれの工程における成分の変化

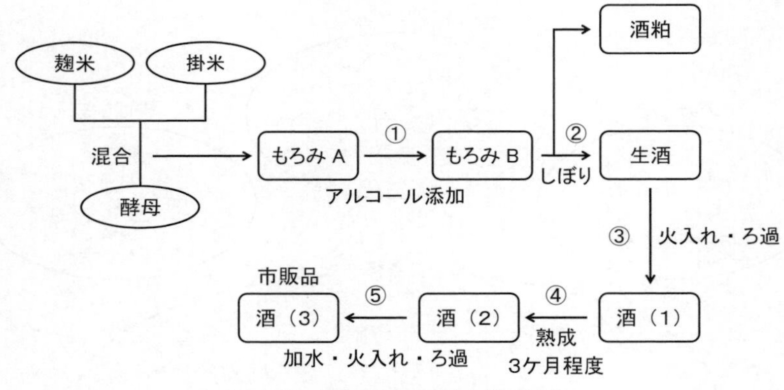

図 4.17　日本酒の一般的な製造工程

を検討した。このようにしてにおい成分の変化を追うことで，日本酒のかおりがどのように作られていくのかをとらえることができる，という考えである。このうち，製造工程の中で最もにおいの変化が大きかった，しぼりの工程（工程②）に対して GC–MS 分析を行った結果について説明していく。このしぼりの工程では，もろみ B が生酒と酒粕に分離される。この生酒および酒粕について，得られた捕集物の GC–O および GC–MS 分析結果を**図 4.18** に示す。

この結果では，両捕集物に明確な違いが認められた。生酒では，酢酸アミル，*n*–アミルアルコール，カプロン酸エチルおよび酢酸 2–フェニルエチルの含有量が酒粕に比べて非常に少なく，バラ臭のフェネチルアルコールと脂肪臭のカプリル酸が主成分となっていることがわかった。一方酒粕では，フルーティー臭の酢酸アミル，カプロン酸エチル，酢酸 2–フェニルエチルといったエステル類およびワイン臭の *n*–アミルアルコールが多く含まれていることが判明した。つまり，この工程によって甘みをもたらすようなにおい成分が酒粕とともに分離することで，日本酒独特のすっきりとしたかおりが生み出されているものと考えられる。

図 4.19 には，すべての工程についての GC 分析結果をまとめた。以上の検討から，日本酒のかおりを決める重要な工程はしぼりにあると考えられる。このしぼりによって，発酵によって生成された多くのエステル類が酒粕に移行す

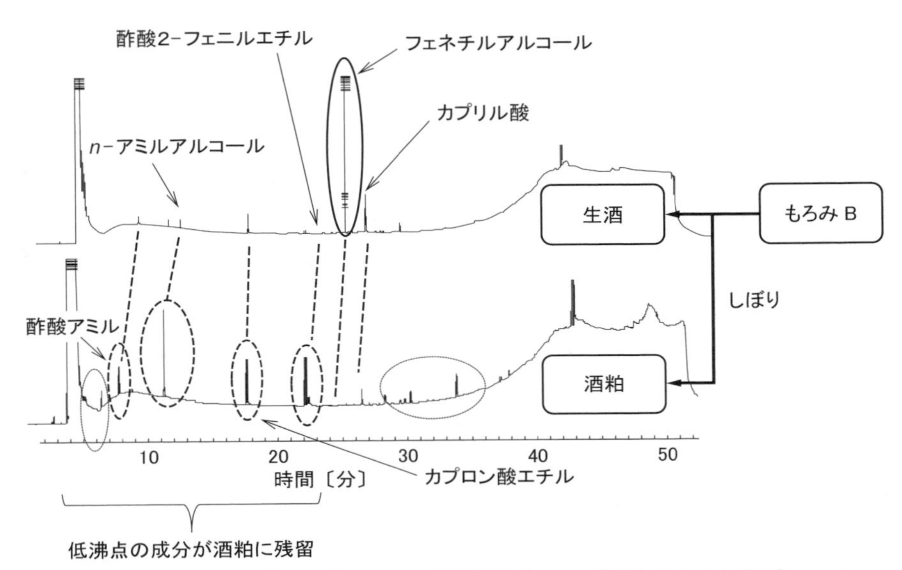

図 4.18　工程 ②におけるにおい成分比較（二つの分析をまとめた結果）

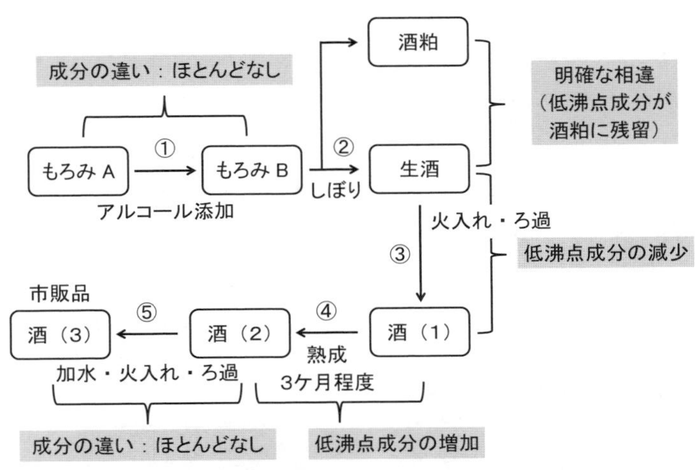

図 4.19　日本酒製造の各工程におけるにおい成分の変化

ることで，お酒のかおりがすっきりしたものになると考えることができる。そして，火入れおよび熟成の過程でカルボン酸類がエステル化することにより，あの日本酒のまろやかなかおりが生み出されていると推定される。

コラム7

においというものはどこからくるのか

いいにおいがすると思って歩いていくと，その先に花が咲いていたとする。この場合，花の中からにおい成分が飛び出してきたのである。このように何らかのにおいが発生するためには，そのにおいがするところに，においの元であるにおい成分が存在していなくてはならない。ではそのにおいの元は，いったい素材のどこにあるのだろうか。身近な例を用いて見てみることにしよう。

代表的な柑橘類であるミカンのにおいは，リモネンを主成分とした数十種類の成分から構成されている。そしてそれらのにおい成分は，ミカンの皮にある粒状に見える部分（油泡という）の中にたんまりと詰まっている（**図**）。ミカンを食べるために皮をむくと，その粒がつぶれることでにおい成分が空気中にまき散らされ，その結果として，私たちはミカン特有のにおいを感じているのである。だから，ミカンをおいしく食べるには，皮をむきながら食べるのがベストである。では，ミカンの実の中にはにおい成分は存在するのだろうか。あるにはあるのだが，きわめて少ない量である。実のほとんどは水分であり，におい成分は親油性であるため，当然実の中にはそれほどにおい成分は溶けていないということになる。

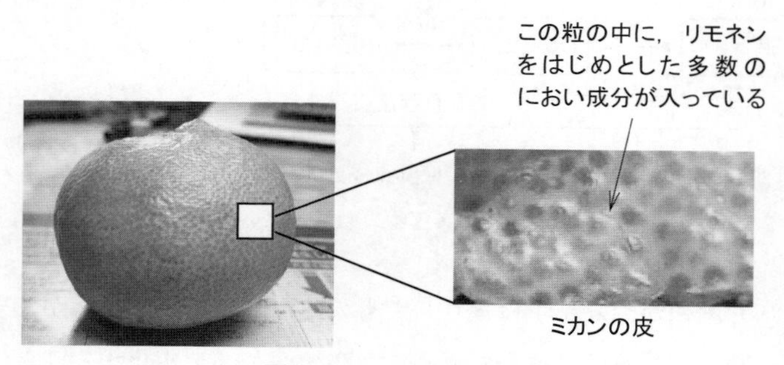

図　ミカンの油泡の様子

ならば，その他の植物のにおい成分はどこにあるのだろうか。例えば，葉っぱをむしったときに感じるあの青臭いにおいの元は，葉っぱの中にあるのだろうか。じつは，その青臭いにおいの元である青葉アルコール類は，引きちぎられたことによって葉っぱが自ら作り出したにおい成分である。このように，植物が受ける何らかの刺激によって，植物自身に作り出されるにおい成分も存在する。では，野菜を炒めたりしたときのにおいはどこから来ているのだろうか。素材そのものに含まれているにおい成分が温められて蒸発したのだろうか。もちろんそういうこともあり得るが，必ずしもそれだけではない。熱が加わることによって発生した，植物に含まれる成分どうしの反応から生み出されるにおいもある。まだまだ疑問は尽きないが，調べれば調べるほどに，においの発生源の多様さを知ることになるだろう。このように，においというものは，じつにいろいろな道筋から来ているものなのである。

コラム 8

フルーツパフェにオレンジなどの切れ端をつけるのはなぜか

フルーツパフェを食べたことがある，または見たことがある人は多いかと思うが，こうしたパフェにはよく皮がついたままのオレンジが添えられている。皮など食べはしないのに，なぜわざわざつけてあるのか。コラム7を読んだ読者なら，その理由に気づいていることと思う。オレンジのにおい成分は，皮にたくさん存在する。なので，オレンジのにおいをふんだんにまき散らすためには，オレンジの皮が必要なのである。いくらオレンジの実がジューシーで甘くても，肝心のオレンジのにおいがしなければそのおいしさは半減してしまう。ミカンの缶詰の実を食べるよりもミカンの皮をむきながら食べるほうがおいしく感じるのも，そのミカンが新鮮だからではなく，そちらのほうがよりにおいを強く感じるからではないだろうか。

そのほかにも，ステーキ専門店では，鉄板に熱々のステーキを載せて提供したり，目の前の鉄板で焼いてから提供したりする。これらは，お客の前でステーキの香ばしいにおいをふんだんにばらまくために行われている工夫である。冷たいステーキがあまりおいしくないのは，その硬い歯ごたえも原因の一つではあるが，何よりもにおいがあまりしないからであろう。焼き肉のおいしさにおいても，においは大きな役割を果たしていると考えられる。こうしたことからもわかるように，においは人の食生活にとってなくてはならない重要な要素なのである。

では，冷めた食べ物はにおいがしなくておいしくないのかというと，けっしてそんなことはない。冷たいものを食べるときでも，われわれはしっかりと，食材のにおいを感じて味わっているのである。一体どういうことかというと，われわれは口の中に食べ物を入れた際に，食べ物が口の中の温度で温められてにおい成分が揮発することで，そのにおいを感じとることができるのである（**図**）。このようにして感じられるにおいは，レトロネ

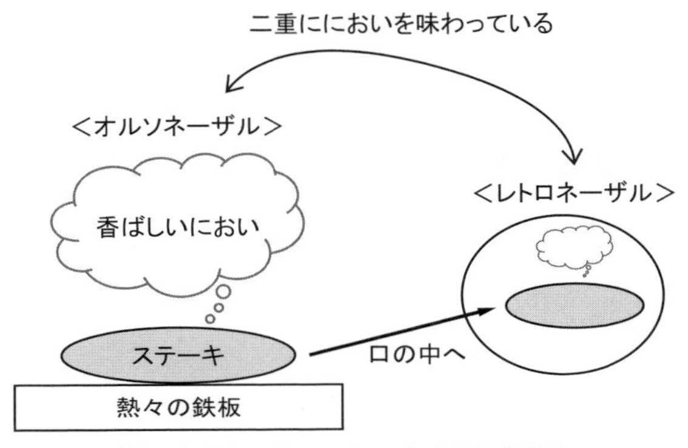

図　人が食べ物のにおいを感じる仕組み

ーザル（口腔香気）と呼ばれている。これに対して，外からくる通常のにおいのことは，オルソネーザル（鼻腔香気）と呼ばれる。すなわち，人は食べ物を食べるときに，表と裏の両側から食品のにおいを味わっているのである。

5 章
におい分子の構造変化による
においの変化

これまで見てきたように，におい分子のにおいの特徴はその分子構造と密接に関係している。類似の構造をもつ化合物どうしのにおいは似ており，異なったにおいをもつ分子どうしの構造は異なっている。分子構造のどのような特徴がにおいに影響を与えているのかは，におい認識のメカニズムと密接に関係している。本章ではにおい分子の構造の特徴とにおいの特徴との関連について説明する。

5.1　におい分子の構造の変化がにおいをどう変えるか

におい素材のにおいは，多くのにおい分子が集まることで形成されている。これまでに，たくさんのにおい分子が集まることがにおい発現の仕組みを複雑にしていることを説明してきた。そして，その解決の糸口は人の嗅覚メカニズムに基づいて解析を行うことである。すなわち，3 章で述べた，におい分子間の相互作用を考慮してにおい分子をグループ分けすることで，におい素材のにおい特性をとらえる解析方法である。これを「香気プロフィール解析」と呼ぶことにする。

この香気プロフィール解析における重要なポイントは，「におい受容体にとってのにおい分子の構造の類似性」である。なぜなら，人がいくつかのにおい分子について似たようなにおいを感じるのは，「におい受容体がそれらの分子の形が似ていると認識しており，そのことがにおいの類似性として発現しているからだ」ととらえることが重要なためである。そして，有機化学的な観点からにおいの仕組みの解明を行う際は，「におい分子の系統的なにおいの類似性」と「におい分子の分子構造の類似性」との関係についての知見が必須になる

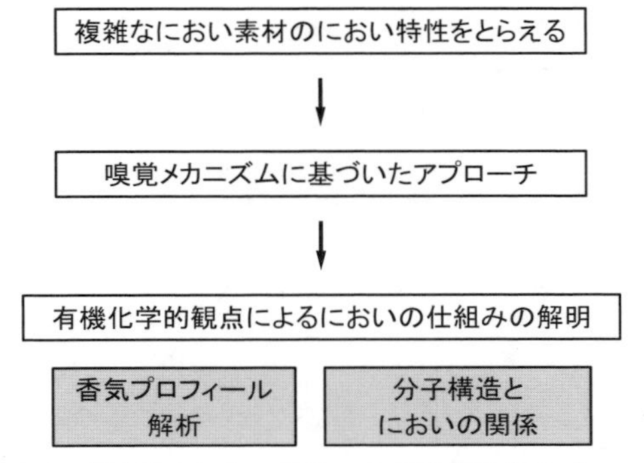

図 5.1　複合臭のにおい特性への有機化学的アプローチ

(**図 5.1**)。要は，におい分子の構造とそのにおいの関係についてのルールを見つけなければならないということである。本章では，いくつかの具体的なにおい分子を取り上げて，におい分子の構造的特徴のどのような部分がにおい発現に関係しているかについて説明をする。

さて，においの元はにおい分子であり，においの違いはにおい分子の構造の違いによるものである。では，におい分子のどのような構造変化がにおいの変化をもたらしているのだろうか。有機分子の性質に大きく関わっている構造的要素として，官能基がある。確かに，官能基が変わることでにおいは変化する。しかしそれ以上に，分子そのものの形がにおいの特徴に大きな影響を与えているのである。以下，白檀の主要におい成分である α-サンタロールの部分的構造変換によってどのようににおいが変化するのかを例にとり，そのことを説明する（**図 5.2**)。

α-サンタロールにはヒドロキシ基（OH 基）という官能基がある。つまり，これはアルコールである。では，このアルコールを酸化反応によってアルデヒドに変換するとにおいはどうなるか。やや甘いかおりはあるが，白檀臭という基本的な特徴はもち続けているという結果になる。また，α-サンタロールをアセチル化（アセチル基 $COCH_3$ の導入）させた場合は脂肪臭をもつようになるが，この分子も基本的には白檀臭を有している。ギ酸エステル（OCOH の構造を有するエステル）に変換した場合には，グリーン臭が混じった白檀臭をもつ

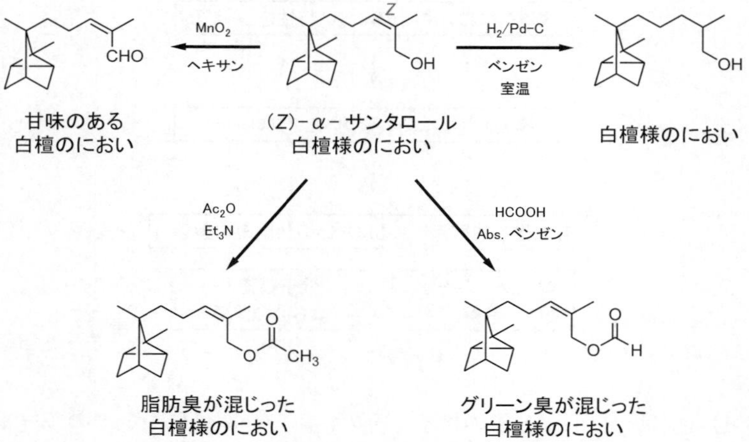

MnO_2 ヘキサン　甘味のある白檀のにおい

(*Z*)-α-サンタロール　白檀様のにおい

H_2/Pd-C ベンゼン 室温　白檀様のにおい

Ac_2O Et_3N　脂肪臭が混じった白檀様のにおい

HCOOH Abs. ベンゼン　グリーン臭が混じった白檀様のにおい

図 5.2　α-サンタロールからの各種誘導体の合成

分子になる。つまり，官能基の違いによってにおいの特徴に若干の違いは見られるが，これらの分子はいずれも基本的なにおいとして白檀臭をもち続けているのである。次節で詳しく説明するが，このにおいの発現の原因は，α-サンタロールがもつその特徴的な，かごのような形のかさ高い分子骨格構造にある。また，α-サンタロールの側鎖には二重結合が一つあるが，この二重結合を水素添加によって単結合に変えた場合も，その分子のにおいはほとんど変わらない。有機化学的には，この分子変換は不飽和分子から飽和分子になるという大きな変化である。しかし，においという性質にとってはそうではないらしい。このことについても，次節で詳しく説明する。

もう一つ，例をあげる。スターアニスのにおいの主要成分であるアネトール（**図 5.3** 中の **4**）の，構造の違いによるにおいの変化を説明する。アネトールは，ベンゼン環を有する芳香族化合物であるが，図に示したように，ベンゼンの骨格構造に置換した官能基の構造をいろいろと変えることで，大きなにおいの変化が発生する。例えば，不快なにおいのするケトン体（図中 **2**）をアルコール体（図中 **3**）に変化させることにより，甘みのあるにおいに変わる。そして，そこから二重結合に変換することでアニス様のにおいのアネトールに，さらに

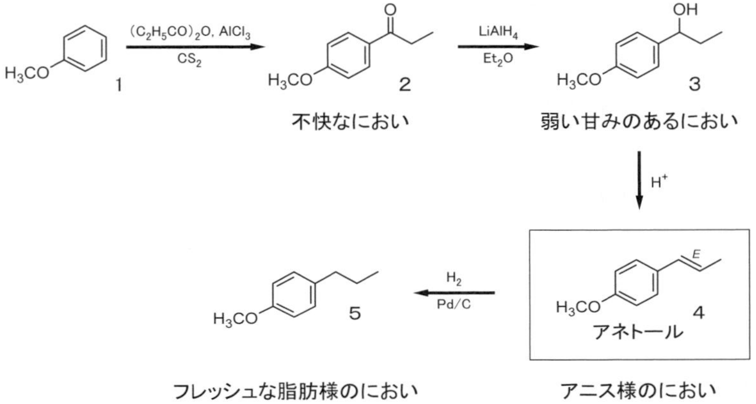

H_3CO 1 —$(C_2H_5CO)_2O$, $AlCl_3$ / CS_2→ H_3CO 2 —$LiAlH_4$ / Et_2O→ H_3CO 3 (OH) —H^+→ H_3CO 4 (*E*) —H_2 / Pd/C→ H_3CO 5

2　不快なにおい

3　弱い甘みのあるにおい

4　アネトール　アニス様のにおい

5　フレッシュな脂肪様のにおい

図 5.3　アネトール関連化合物の合成

飽和体（図中 **5**）に変化させるとフレッシュな脂肪様のにおい，というように，官能基の変化によって分子のにおいもまた大きく変わってくる。このようにア

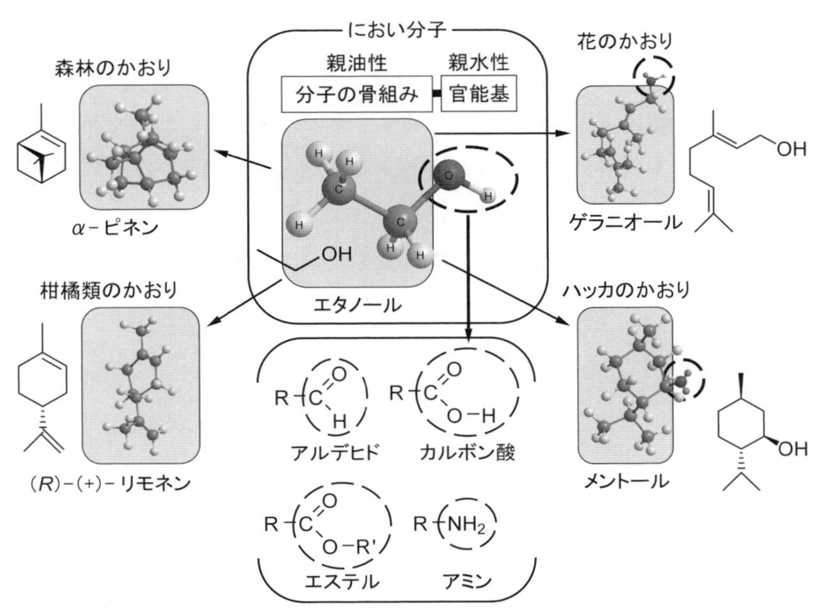

図 5.4　におい分子の構造変化とにおいの変化

ネトールの場合には，官能基の変化がにおいに強い影響を与えており，α-サンタロールの場合とはまったく異なっている。

以上あげた二つの例からも明らかなように，におい分子の構造とにおいの関係は単純なものではない。それでも，少なくとも分子の骨組みの構造が基盤となり，そこに官能基の特徴が加わることで，におい分子のにおいの特徴が作られるといえる。ただし，この二つの要素のうちどちらが重要であるかは，現在得られている知見からは明確なことはわからない。確かなのは，分子の骨組みと官能基という二つの要素が，におい分子のにおい発現のカギを握っているということである（**図 5.4**）。

5.2　白檀の重要なにおい成分サンタロール類の構造変化とにおいの関係

白檀の主要におい成分である α-サンタロールの分子構造を**図 5.5** に示した。この分子の構造上の特徴は，なんといってもその分子の骨組みにある。分子の骨組みは，かご型の構造（図 5.5 中 C）と鎖状の分子構造から構成されている。さらに，この骨組みにヒドロキシ基（OH 基，図 5.5 中 B）が結合している。そして，鎖状の構造には二重結合が一つあり，その二重結合に基づく幾何異性体（シス-トランス異性体）が存在する（図 5.5 中 A）。以上三つの構造上の特徴を考慮して，**図 5.6** に示した構造変換を行った。

まず，幾何異性の違い（部分構造 A の変換）による構造とにおいの変化を見てみる。**図 5.7** に示したように，白檀の主要におい成分である（Z)-α-サンタ

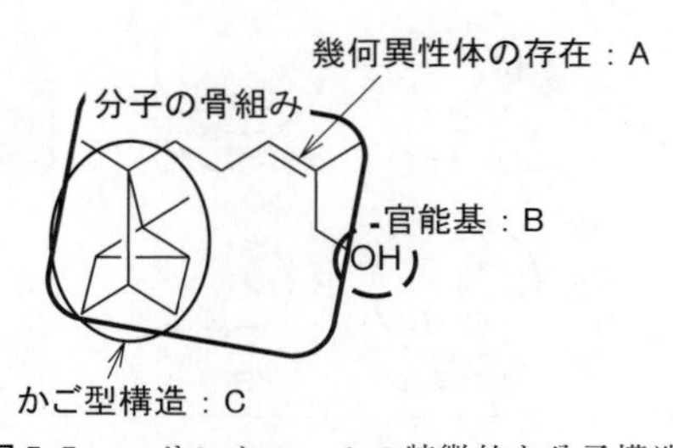

図 5.5　α-サンタロールの特徴的な分子構造

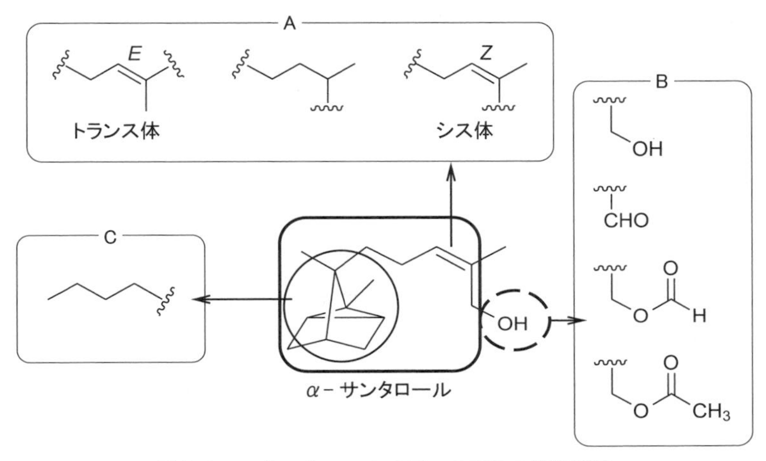

図 5.6　α-サンタロールの三つの部分の構造変換

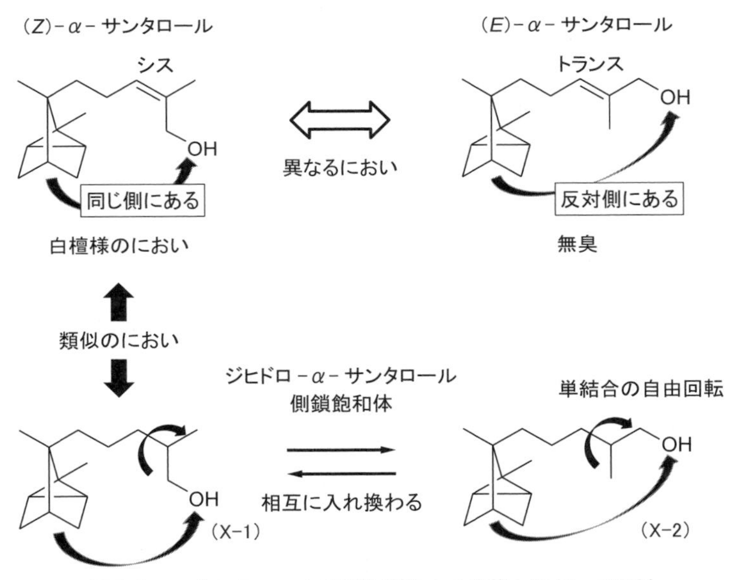

図 5.7　α-サンタロールの部分構造 A の変換とにおいの関係

ロールはシス体である。一方，その幾何異性体であるトランス体は無臭であり，まったく異なっている。ただ，その違いは分子構造の違いによるものとして理解できる。OH 基が分子骨格中のかご型構造と同じ側にあるシス体に対して，トランス体では両部分構造がそれぞれの反対側にあり，遠く離れている。これだけ分子の形が違っていれば，においが異なってきてもおかしくはない。実際，この例に限らず，シス体とトランス体のにおいが異なっているにおい分子の例は多い。

だが，この α-サンタロールの系では，不思議なことが報告されている。それは，(Z)-α-サンタロールの側鎖二重結合が飽和されてできるジヒドロ体のにおいが，(Z)-α-サンタロールのにおいときわめて類似しているということである。これら二つの分子の構造はまったく異なっているように考えられる。しかし，かご型構造と OH 基の関係に着目してみると，図に示したようにジヒドロ体は，単結合まわりの自由回転によって，α-サンタロールのシス体に類似した立体的配置である図中 X-1 とトランス体に類似した立体配置である図中 X-2 の両方の配置をとることが可能である。つまり，ジヒドロ体は X-1 の配置をとることで，人のにおい受容体にとってシス体と類似した構造の分子と認識されている，と考えることができる。その結果，ジヒドロ体がシス体と同じようなにおいを有するのである。

ところで，このようなことは，OH 基を有するアルコール体にのみ見られることであろうか。そのことを検討するため，部分構造 A を変換した α-サンタロールについて，OH 基の代わりに図 5.6 で示したいくつかの官能基（図中 B）を導入したにおい分子を合成し，そのにおいの特徴を調べてみた。その結果は，**図 5.8** のようになった。官能基の違いによるにおいの変化は認められるものの，シス体の分子はすべて，特徴的な白檀様のにおいを有していた。さらに，いずれの官能基においても，対応する飽和体はシス体と同じようなにおいを有していたのである。一方で，トランス体のにおいは非常に弱くはあったものの，シス体，飽和体のそれとははっきりと異なっていた。つまり，官能基の変化よりも，官能基 B とかご型構造 C との空間的な位置関係のほうが白檀様のにおい発現にとって重要であり，α-サンタロールのにおいの特徴に大きな影響を与えていることが判明した。

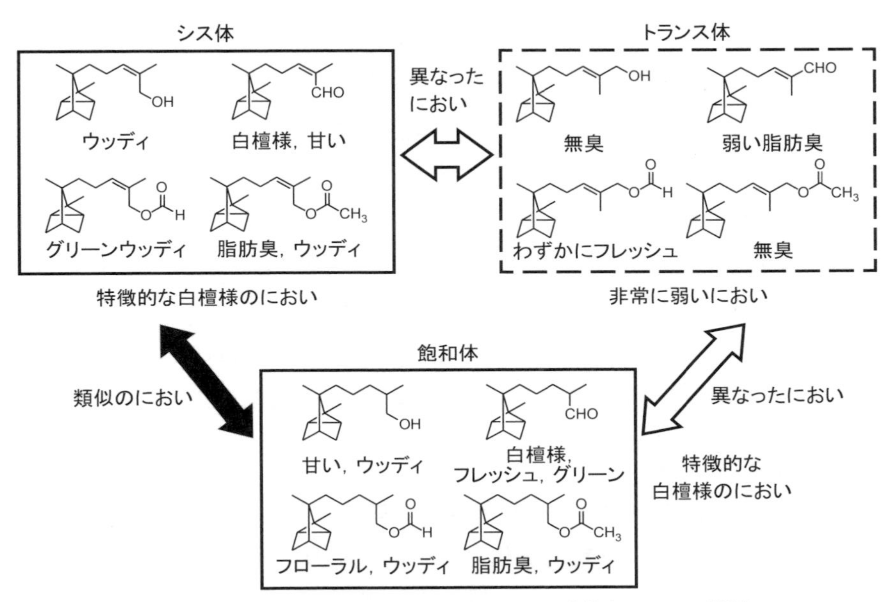

図 5.8 α-サンタロールの部分構造 A，B の変換とにおいの関係

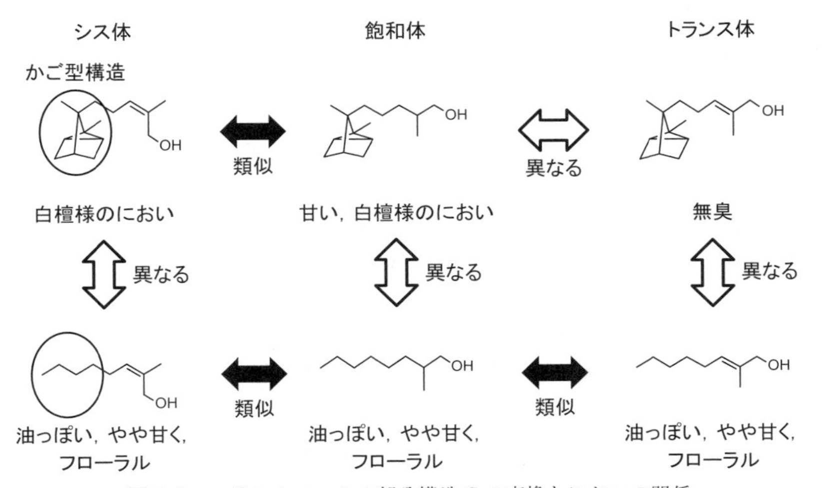

図 5.9 α-サンタロールの部分構造 C の変換とにおいの関係

以上の検討から，特徴的なにおい発現のために，α-サンタロールにとって重要な構造はかご型構造（部分構造 C）であることが推定された。そこで，このかご型構造をなくした分子を合成することにした。実際の実験では，かご型構造のかわりに鎖状構造をもつ分子を合成して，そのにおいの変化について検討した。その結果を**図 5.9** に示す。これらについて官能評価を行ったところ，鎖状構造に変換した分子については，特徴的な白檀様のにおいがまったくなくなっていた。さらに，シス体，飽和体，トランス体のすべてのにおいが類似していることも認められた。この結果は，人のにおい受容体が幾何異性体の違いを認識するうえで，分子のかご型構造が重要な役割を果たしていることを示している。

5.3　スターアニスの重要なにおい成分アネトール類の構造変化とにおいの関係

スターアニスの主要におい成分アネトールの分子構造の特徴はきわめてシンプルであり，ベンゼン環（**図 5.10** 中の分子の骨組み，部分構造 A）のパラ位にメトキシ基（OMe 基，図中の *p*- 位置換基，B）と二重結合を一つもった不飽和鎖状 $-CH=CH-CH_3$ 構造（図中の官能基，C）を有している。また，この二重結合には幾何異性が存在する。

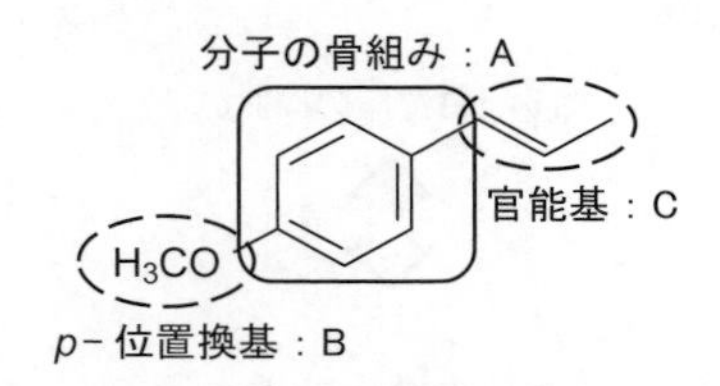

図 5.10　アネトールの特徴的な分子構造

これら 3 種類の構造のうち B と C に対して，**図 5.11** に示すような構造変換を行った。*p*- 位置換基（B）については，水素原子に変換した場合（つまりモノ置換体ということである）とメチル基（Me 基）に変換した場合について検討

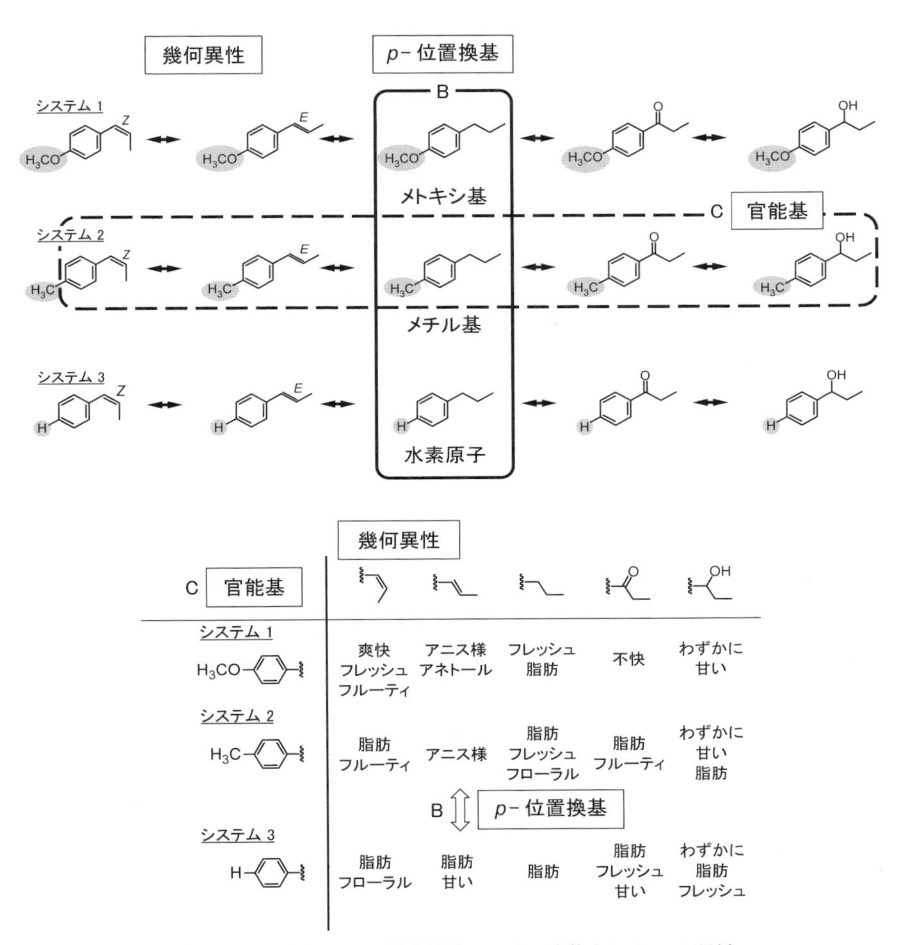

図 5.11　アネトールの部分構造 B，C の変換とにおいの関係

した。この二つの変換をそれぞれシステム 3 および 2（OMe 基の場合をシステム 1 とする）とし，それらにおいて，官能基（C）を図のような構造に変化させていった場合についてのにおいの変化を検討した。

まず，*p*- 位置換基について，幾何異性体の相互のにおいの変化を調べた。その結果は，**図 5.12** に示したようになった。システム 1 とシステム 2 は同じ傾向が見られたのに対して，システム 3 だけはまったく異なっている。システム

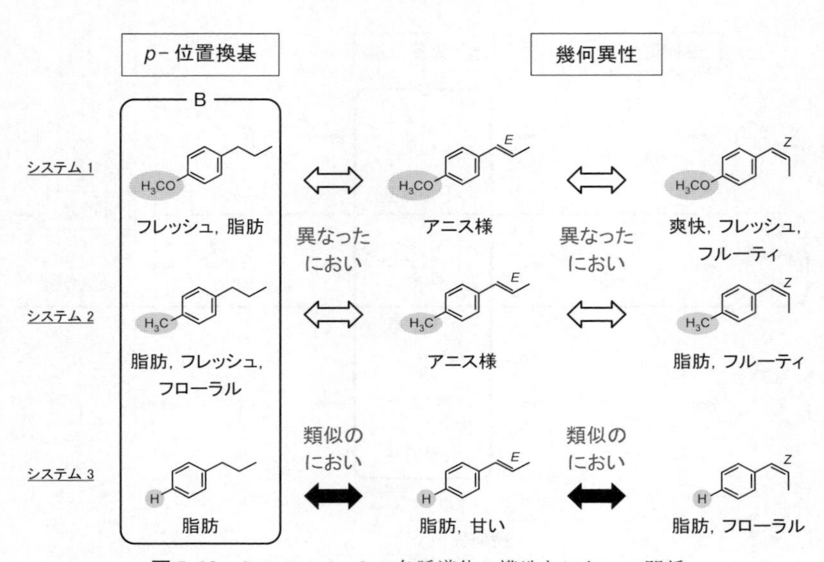

図 5.12　システム 1〜3 の各誘導体の構造とにおいの関係

3 のモノ置換体では，飽和体と 2 種類の幾何異性体の計 3 種類のにおいはたがいに類似していた。一方，システム 1 とシステム 2 では，明確なにおいの違いが見られた。この結果は，幾何異性によるにおいの違いの発現にとって，パラ位に OMe 基や Me 基が存在することが重要であることを示している。つまり，におい受容体が官能基における飽和と不飽和の区別，そして幾何異性体の区別をするには，これら官能基のパラ位に OMe 基や Me 基が存在していることが必要であるということを意味している。さらに，においの特徴を見てみると，OMe 基と Me 基では明確な違いが見られなかった。すなわち，受容体にとってこの両者は同じように見えているのである。

では，官能基 C の構造がカルボニル基（C＝O）やヒドロキシ基（OH）を有した場合のにおいはどうなるのか。図 5.11 に示したように，システム 1 および 2 においては，炭化水素基と同じくたがいに異なっていた。しかし，システム 3（モノ置換体）では，炭化水素基の場合とは異なり，ケトンとアルコールとでにおいの違いが見られた。このように，官能基の極性がにおい発現にとって重要な働きをする場合もあるのである。

5.4 バニリン誘導体の構造変化とにおいの関係

アネトールはベンゼン環のパラ位に二つの置換基を有している芳香族化合物であったが，天然のにおい成分の中には三つの置換基を有することでよく知られた分子がある。**図 5.13** に示したバニリン（バニラのかおりの主成分）である。このバニリンにおいては，三つの置換基を図に示した二つの置換基，A と B に分けて検討した。なお，A については OH 基と OMe 基の 2 種類に限定し

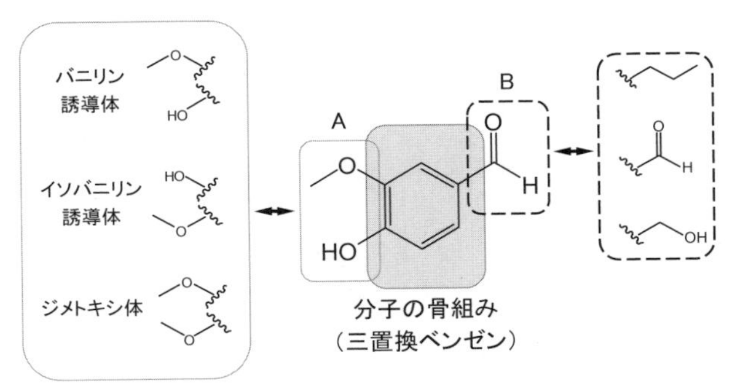

図 5.13 バニリンの特徴的な分子構造

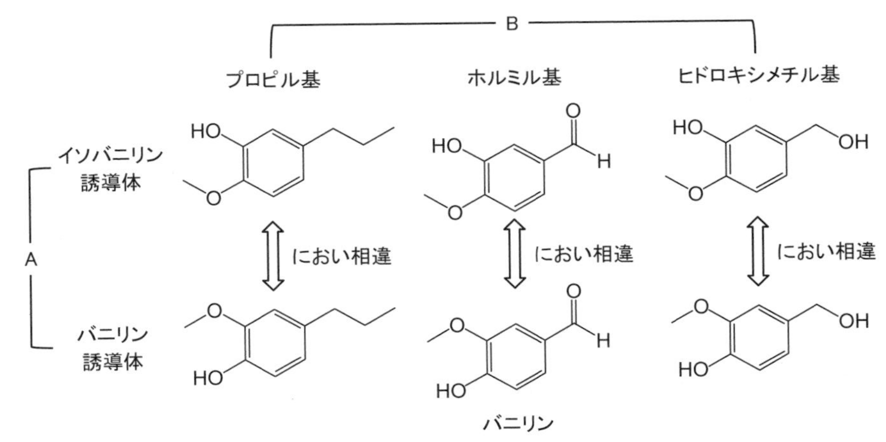

図 5.14 バニリンにおける OH 基と OMe 基の置換位置のにおいへの影響

て変換した一方で，Bについては3種類の官能基への変換を行った。

まず，AのOH基とOMe基の二つの置換基における，置換位置の違いの影響について調べてみた。その結果は，**図5.14**に示したとおりであった。この結果から，Bの3種類の変化のすべてにおいて，AにおけるOH基とOMe基の二つの置換基の置換位置の違いがにおいの違いに影響していることがわかった。つぎにAにおいて，両方ともOMe基である化合物（ジメトキシ体）も加えてにおいの違いを見てみた。その結果，**図5.15**に示したように，2か所においてにおい類似の傾向が見られた。以上の検討結果は，これら3種類の置換基の位置関係および種類の両方とも，バニリンのにおい発現にとって重要な要因になりうることを示している。

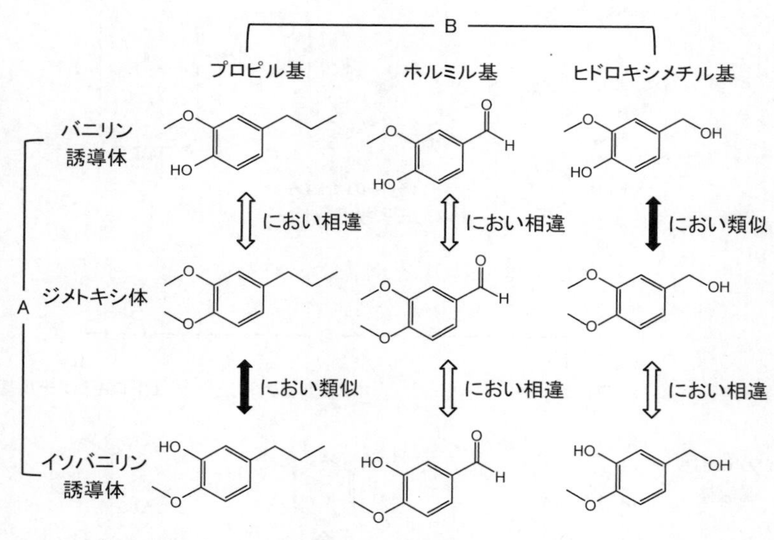

図5.15　バニリンにおけるOH基とOMe基のにおいへの影響

5.5　ベチバーの主要成分クシモールおよびその誘導体の構造とにおいの関係

ベチバーとはイネ科の植物で，その根を乾燥させることで特有のにおいを発

するようになる。根から水蒸気蒸留によって得られた精油は，さまざまなところで利用されている。このベチバーの独特のにおいの理由は，含有する成分が特有の構造を有していることである。そんな主要含有成分の一つに**図 5.16** に示したクシモールという分子がある。この分子は図に示したように，かなり複雑な構造を有している。全体的に固まった構造であり，そこに二重結合やヒドロキシ基が結合している。また，分子内にはいくつかの不斉炭素原子が存在する。ここでは，図に示した A〜C の 3 種類の部分構造に着目して検討した結果を紹介する。

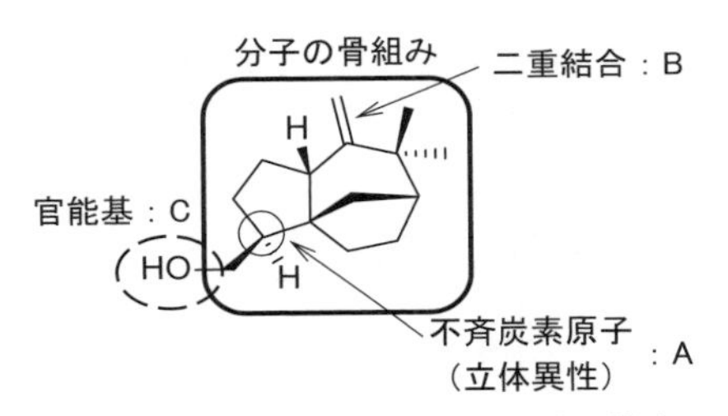

図 5.16　クシモールの特徴的な分子構造

まず，ヒドロキシ基（OH）の官能基変換についての検討結果を示す。**図 5.17** に示したように，ベンゼン環を有する官能基以外はすべて類似のにおいを

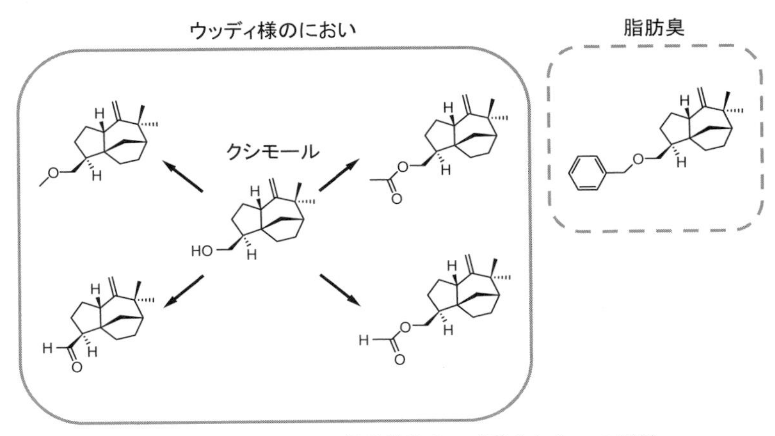

図 5.17　クシモールの部分構造 C の変換とにおいの関係

示した。この分子の骨格構造が，クシモールのにおい発現にとっていかに重要であるかが現れている。

つぎに，不斉炭素原子に基づく立体異性 A の違いについての検討結果を**図 5.18** に示す。すると，ベンゼン環の置換をしたクシモール誘導体のみ立体異性によるにおいの違いは発現しなかった。先ほどの結果と合わせると，ベンゼンを有する置換基の影響は，特徴的な分子骨格によるそれよりも大きいことが推定される。

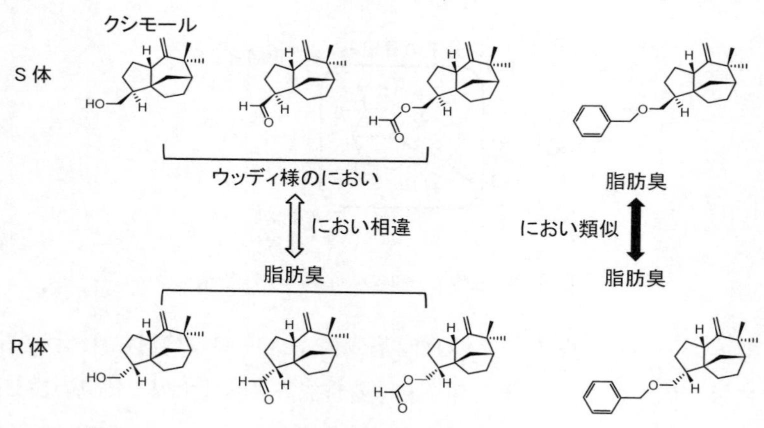

図 5.18　クシモールの立体異性 A の違いによるにおいへの影響

最後に，クシモールの分子骨格に結合している二重結合についての検討結果を**図 5.19** に示す。結果を見る限り，明らかにこの二重結合の存在が，クシモールの特有のにおい発現にとって重要であることがわかる。さらに，対応するエポキシ体においても置換基の構造変化によるにおいの変化が見られないことから，このかさ高い分子構造が重要であることも判明した。

以上の検討結果から得られた，クシモール類におけるにおい発現に対する構造要因をまとめると**図 5.20** のようになる。

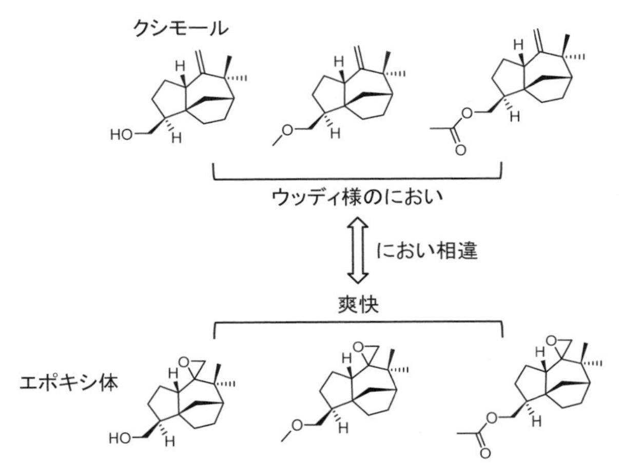

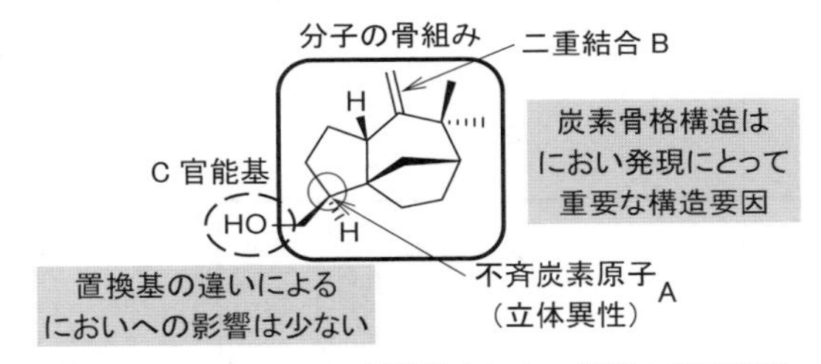

図 5.19 クシモールの二重結合 B の有無のにおいへの影響

図 5.20 クシモールの特徴的なにおい発現の構造要因

5.6 γ-ラクトン類の構造とにおいの関係

本節では，桃のかおりの主要におい成分であるγ-ラクトン類についての検討結果を示す。一般に，ラクトン類はフルーティなにおいかつ脂肪臭を有しており，香料としても非常に重要な化合物である。その構造は，**図 5.21** に示したように，ラクトン環構造に炭化水素鎖が結合しているというものである。

この物質の検討に際しては，γ-ラクトン類のにおいの原因はラクトン環構造にあるのではとの仮定のもと，この環を開裂させた構造に相当する化合物を合成して，においの変化を見ることにした。なお，今回は環の単結合を 1 か所だ

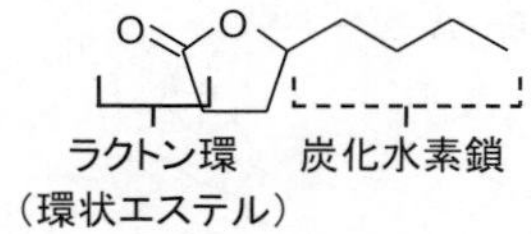

ラクトン環
（環状エステル）
炭化水素鎖

図 5.21　γ-オクタラクトンの特徴的な分子構造

け開裂させることを考えたが，その場合開裂する結合位置は 2 種類考えられる。これらのことをもとに合成した γ-ラクトン類と，それぞれのにおいの特徴を**図 5.22** に示す。使用したラクトン類は，炭化水素鎖の炭素数をもとに C3～C6 体と呼称する。また，環を開裂していないものをタイプ A，開裂したものをタイプ B，タイプ C とする。タイプ B および C のどちらの場合も，環の開裂によって γ-ラクトン類のもっているにおいの特徴は失われた。つまり，当初の仮定どおり，ラクトン環構造がにおい発現にとってきわめて重要な要因であることが示された。

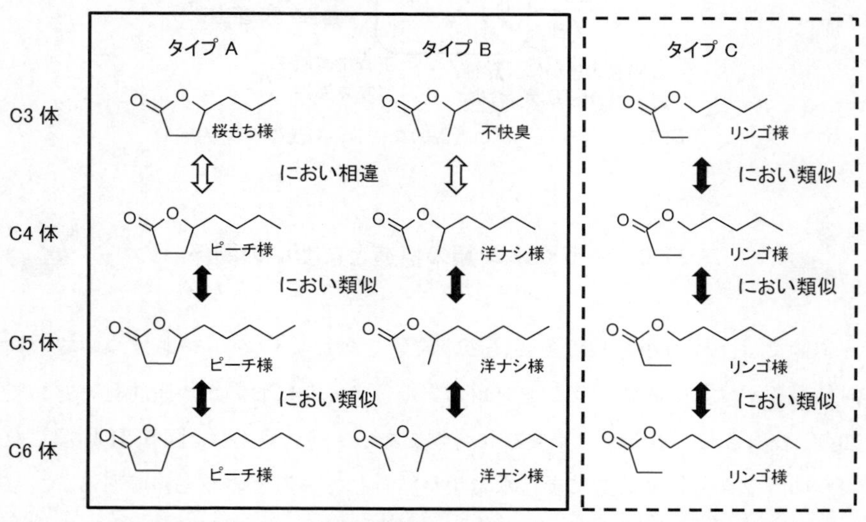

図 5.22　γ-ラクトン類の環構造と炭化水素鎖のにおい発現への影響

ところでこの検討からは，においの特徴についての知見だけでなく，もう一つ重要なことが判明した。それは，ラクトン環に結合した炭化水素鎖の炭素数の増加に伴うにおいの変化である。図 5.22 に示したように，タイプ A とタイプ B とでは C3 体のみにおいが異なるという同じ傾向が見られた。これらは，炭素数の変化に依存してにおいの特徴が変化したのである。一方，タイプ C では，まったく変化は見られなかった。このことから，**図 5.23** に示したようなことが判明した。すなわち，C-2 位に Me 基があるかないかがにおい発現にとって重要であるという知見である。このことは，鎖状分子における枝分かれ構造の重要性を示唆している。

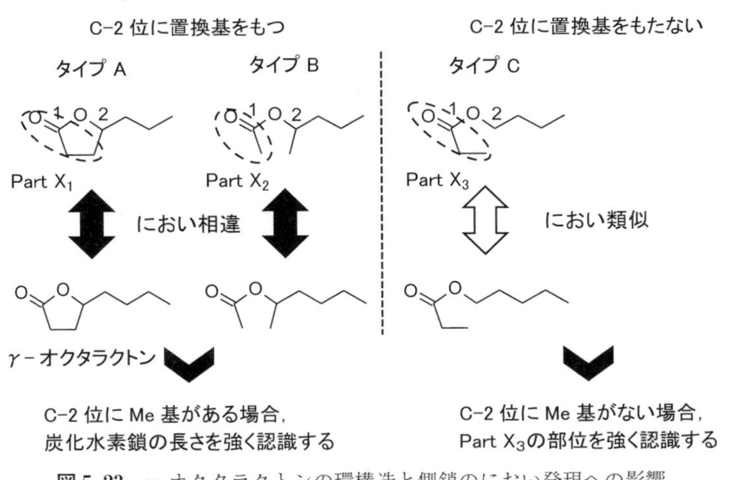

図 5.23　γ-オクタラクトンの環構造と側鎖のにおい発現への影響

以上，いくつかのにおい分子を例に構造とにおいの関係について説明した。ここで紹介したような知見をさまざまな物質について積み重ねていくことが，将来の人の嗅覚メカニズムの解明につながっていくことであろう。

コラム9

柑橘類のにおいとはなにか

ひとくくりに柑橘類のにおいといっても，柑橘類にはオレンジ，ミカン，グレープフルーツなどの種類があり，それらのにおいはまったく異なっている。そしてその違いは，これらのにおいを構成する成分のうち90％以上を占めるリモネンではなく，それ以外の多くの微量成分によってもたらされている。

これらの柑橘類の含有成分の詳細は先行研究によってすでに明らかにされているため，そのにおいを人工的に再現することはそれほど難しくはない。現に，天然素材のにおい成分の分析結果をもとに合成香料が作られ，飲料やガムなどのお菓子のにおいづけに使われている。天然のにおいは植物ごとに，そしてその生産地ごとに微妙に異なっており，この違いが天然のにおいのいいところではあるが，消費者に広く同じにおいを届けることはできない。その点，合成香料はいかなる場合でも一定のにおいを再現することができる。しかし，読者の皆さんもすでに気がついているのではないだろうか。飲料に付加されたオレンジの合成香料のにおいが，実際のオレンジのそれとは異なっていることに。お菓子のオレンジのにおいや洗剤のオレンジのにおいなども，似てはいるが果実のにおいとは微妙に違う。なぜだろうか。

天然のにおい分子の中には，合成するのが大変なものもある。その場合，天然のにおい分子とまったく同じものを合成して食品に添加して使おうとすると，時間とコストが随分かかってしまう。そこで類似のにおいを有し，なおかつ合成ができるだけ容易なにおい分子を選び出して使うのである。その結果，同じオレンジのにおいでも使う合成におい分子やそれらの配合の割合の違いによって，さまざまなタイプのオレンジ合成香料が生まれてくるのである。これにより，それぞれの用途によって多様なオレンジのにおいが存在するという事態が発生している。

一方で，合成香料の有用性が，貴重な天然香料の代用品の開発につながっている。特に有名なのは，合成ムスクと呼ばれるものである。ムスクとは，ジャコウジカから採取される麝香（じゃこう）という香材のことであり，そのにおいの元の分子がムスコンという大環状化合物である。現在，天然のジャコウジカからの採取はワシントン条約で禁止されている。それでも，このムスクというものから発せられるにおいは，ほかのどの香料にもない唯一無二のにおいである。かといってムスコンを合成するのは大変であることから，さまざまなムスク様のにおいを有するにおい分子が合成されている。**図**に代表的なものをあげる。

図　ムスク様のにおいをもつにおい分子の例

参　考　文　献

[有機化学の基礎をさらに学ぶために]

1）長谷川登志夫：香りがナビゲートする有機化学，コロナ社（2016）
2）長谷川登志夫：マンガでわかる有機化学，オーム社（2014）

[かおりの科学をさらに学ぶために]

1）櫻井和俊，日野原千恵子，佐無田靖，藤森嶺：エッセンス！フレーバー・フレグランス～化学で読みとく香りの世界～，三共出版（2018）
2）平山令明：「香り」の科学　匂いの正体からその効能まで，講談社（2017）
3）長谷川香料株式会社：香料の科学，講談社（2013）
4）森　憲作：脳のなかの匂い地図（PHP サイエンス・ワールド新書），PHP 研究所（2010）

[より専門的なかおりの科学について学ぶために]

1）長谷川登志夫，藤原隆司，藏屋英介：実践ニオイの解析・分析技術　香気成分のプロファイリングから商品開発への応用まで，エヌ・ティー・エス（2019）
2）長谷川登志夫ほか：においを“見える化”する分析・評価技術，R&D 支援センター（2019）
3）長谷川登志夫：におい受容機構を考慮した GC-MS データの見方，『においのセンシング，分析とその可視化，数値化』，第２章，第４節，pp.90～99，技術情報協会（2020）
4）長谷川登志夫：香りを分子からとらえる，香料，281，pp.29～38（2019）
5）長谷川登志夫：香気素材の香気プロフィール解析と分子の構造変換による香気変化，ファインケミカル，43，pp.14～22（2014）
6）長谷川登志夫：お香の香気成分，におい・かおり環境学会誌，**44**，2，pp.133～140（2013）

[個々の香気素材，におい分子についての研究報告]

1）長谷川登志夫，小森順一，藤原隆司：日本酒の香り，におい・かおり環境学会

誌，**50**，5，pp.335～342（2019）

2) 田中佳奈，緑川直弥，長谷川登志夫，藏屋英介：ベチバー主要成分 Khusimol とその誘導体の構造と香りの関係，におい・かおり環境学会誌，**51**，3，pp.201～204（2020）

3) 佐藤仁美，長谷川登志夫，藏屋英介：バニリン誘導体の構造と香りの関係性，におい・かおり環境学会誌，**51**，3，pp.209～212（2020）

4) 大須賀祐亮，長谷川登志夫，藏屋英介：γ-ラクトン類の構造と香気の検討，におい・かおり環境学会誌，**51**，3，pp.205～208（2020）

索　　引

【て】

【ど】

【に】

【ね】

【は】

【ひ】

【ふ】

【へ】

【ほ】

【み】

【む】

【め】

【も】

【や】

【ゆ】

【り】

【れ】

【ろ】

【英字】

——著者略歴——

1981年　埼玉大学理学部化学科卒業
1983年　東京大学大学院理学系研究科修士課程修了（有機化学専攻）
1983年　埼玉大学教務職員
1989年　理学博士（東京大学）
1995年　埼玉大学助手
1999年　埼玉大学助教授
2006年　埼玉大学准教授
2023年　埼玉大学シニアプロフェッサー
　　　　現在に至る

香料化学 —においい分子が作るかおりの世界—
Fragrance Chemistry

2021年6月10日　初版第1刷発行　★
2023年5月10日　初版第2刷発行

検印省略

著　者　長谷川（はせがわ）　登志夫（としお）
発行者　株式会社　コロナ社
　　　　代表者　牛来真也
印刷所　壮光舎印刷株式会社
製本所　株式会社　グリーン

112-0011　東京都文京区千石4-46-10
発行所　株式会社　**コロナ社**
CORONA PUBLISHING CO., LTD.
Tokyo Japan
振替00140-8-14844・電話(03)3941-3131(代)
ホームページ　https://www.coronasha.co.jp

ISBN 978-4-339-06657-9　C3043　Printed in Japan　（柏原）